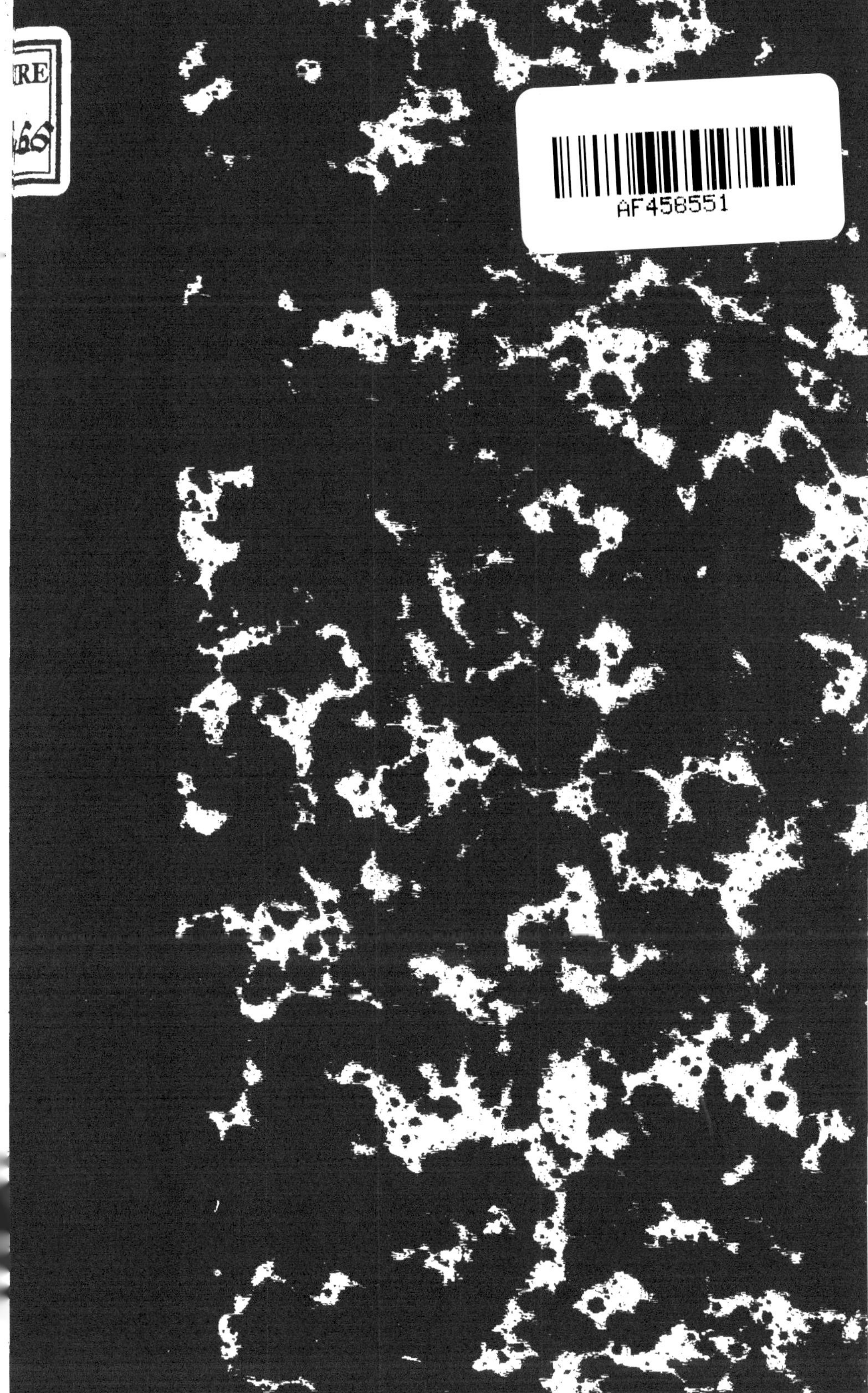
AF458551

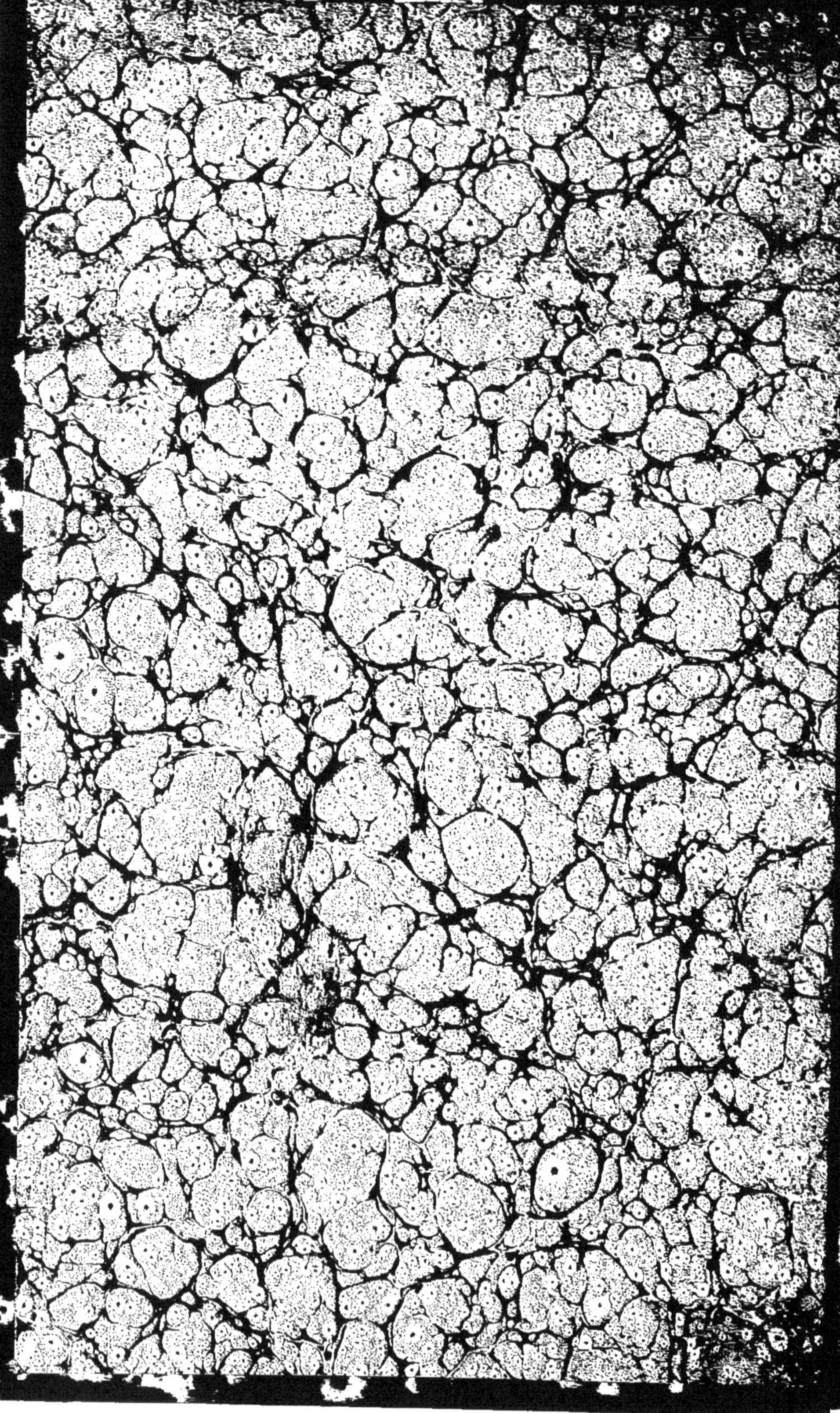

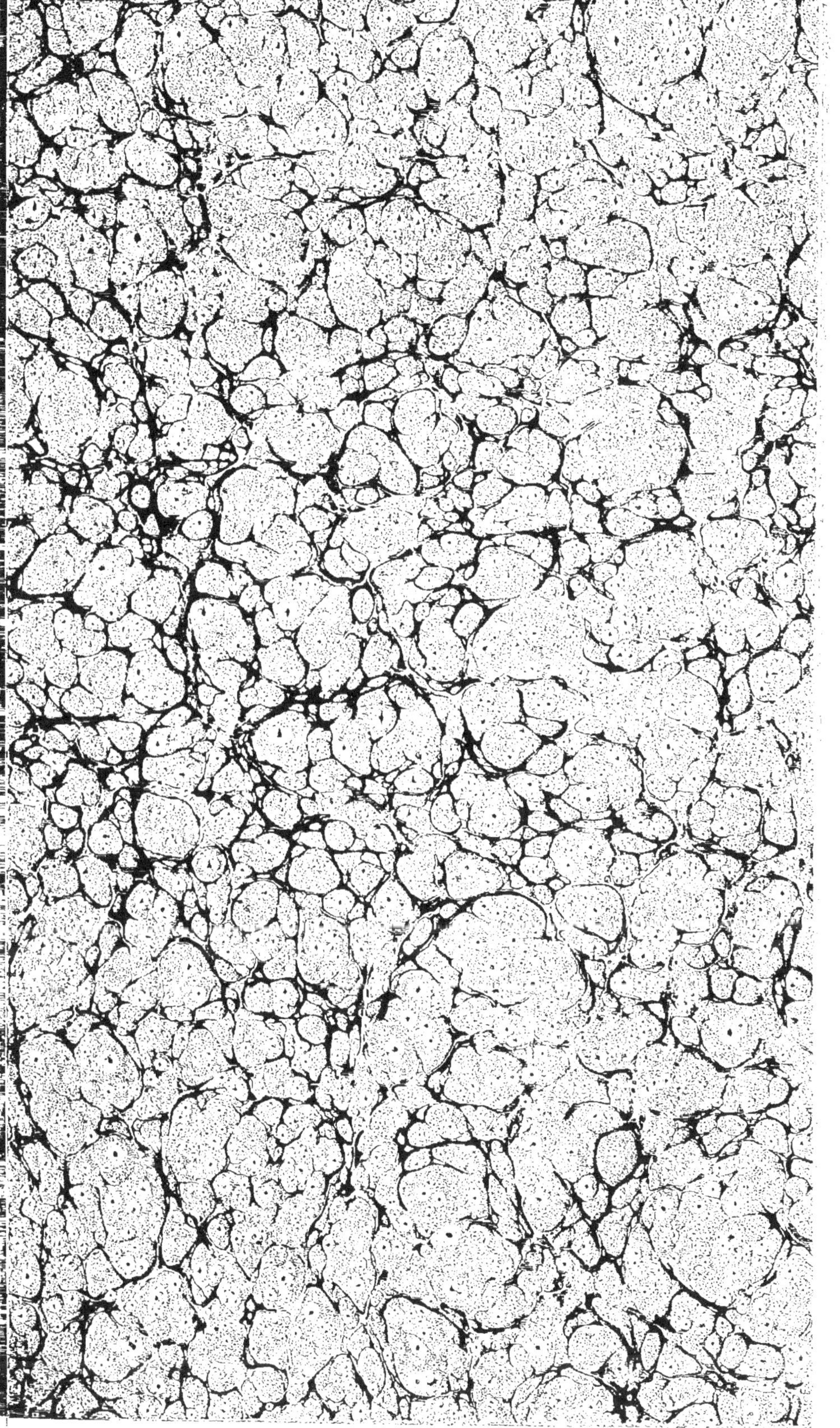

PRINCIPES D'ALGÈBRE,

PAR

E. E. BOBILLIER,

ANCIEN-ÉLÈVE DE L'ÉCOLE ROYALE POLYTECHNIQUE, PROFESSEUR A L'ÉCOLE ROYALE, DES ARTS ET MÉTIERS DE CHAALONS-SUR-MARNE ET MEMBRE DE LA SOCIÉTÉ D'ÉMULATION DU DÉPARTEMENT DU JURA.

LONS-LE-SAUNIER,

IMPRIMERIE DE FRÉD. GAUTHIER.

M.DCCC.XXVI.

A Monsieur

le Vicomte

DE BOISSET-GLASSAC,

Chevalier de l'Ordre Royal & militaire de St-Louis, Directeur de l'École Royale des Arts & Métiers de Chaalons,-sur-Marne.

Hommage

DE L'AUTEUR.

TABLE

DES MATIÈRES DU II.e LIVRE.

CHAPITRE I.er

NOTIONS PRÉLIMINAIRES.

CHAPITRE II.

ÉQUATIONS ET PROBLÈMES DU PREMIER DEGRÉ A UNE SEULE INCONNUE.

CHAPITRE III.

ÉQUATIONS ET PROBLÈMES DU PREMIER DEGRÉ A PLUSIEURS INCONNUES.

CHAPITRE IV.

DISCUSSION DES PROBLÈMES.

CHAPITRE V.

DISCUSSION GÉNÉRALE DES ÉQUATIONS DU PREMIER DEGRÉ.

CHAPITRE VI.

ÉQUATIONS ET PROBLÈMES DU SECOND DEGRÉ A UNE SEULE INCONNUE.

CHAPITRE VII.

DISCUSSION DES ÉQUATIONS ET DES PROBLÈMES DU SECOND DEGRÉ.

CHAPITRE VIII.

RÉSOLUTION DE QUELQUES ÉQUATIONS DE DEGRÉ SUPÉRIEUR AU SECOND.

Fin de la Table du II.e livre.

LIVRE SECOND.

RÉSOLUTION

DES PROBLÈMES ET DES ÉQUATIONS.

CHAPITRE I.er

NOTIONS PRÉLIMINAIRES.

I. *Résolution des Problèmes.*

196. Un *Problème* est une question dans laquelle on se propose de déterminer une ou plusieurs quantités inconnues, à l'aide des relations qui les lient à d'autres quantités connues.

Ces relations, qui constituent l'*énoncé*, sont plus ou moins difficiles à apercevoir, et se nomment *conditions* du problème.

197. Les conditions d'un problème peuvent être *explicites* ou *implicites ;* elles sont *explicites* lorsqu'elles se trouvent comprises dans son énoncé, et *implicites*, lorsque, sans y être mentionnées, elles en sont des conséquences plus ou moins immédiates.

198. La *résolution* d'un problème d'algèbre se compose toujours de deux parties :

La première consiste à saisir les diverses conditions de l'énoncé, et à exprimer chacune d'elles par une égalité qui prend alors le nom d'*équation*. Cela s'appelle *mettre le problème en équation*.

1

La seconde a pour objet la *résolution des équations*, c'est-à-dire, la détermination des inconnues qu'elles renferment.

199. Il n'existe pas de règle précise pour mettre un problème en équation. Ce qu'il y a de mieux à cet égard est, sans contredit, le précepte suivant, dont nous ferons par la suite de nombreuses applications. *On représente les quantités inconnues par des lettres ; (ce sont ordinairement les dernières* x, y, z, etc). *Puis, supposant le problème résolu, on se comporte absolument de la même manière que si l'on vouloit en faire la vérification. Chaque condition fournit ainsi, pour une même quantité, deux expressions égales et de forme différente, et par conséquent donne lieu à une équation.*

Quant à la résolution des équations, elle est purement de calcul, et ce deuxième livre lui sera entièrement consacré.

200. Éclaircissons ces notions générales par un exemple ; *Deux frères ont ensemble* 50 *ans et l'aîné avoit* 12 *ans à la naissance de son frère. Quel est l'âge de chacun d'eux ?*

Mettons d'abord le problème en équation ; représentons par x l'âge de l'aîné, par y celui de son frère, et remarquons qu'il y a ici deux conditions.

En vertu de la première qui est *explicite*, la somme des âges x et y des deux frères est 50 ans ; ce qui se traduit ainsi en algèbre, $x+y=50$.

La seconde condition est *implicite*, et se déduit de l'énoncé, en observant que la différence de 12 ans qui existoit entre les âges des deux frères à la naissance du plus jeune, subsiste encore après un temps quelconque ; donc $x-y=12$.

Résolvons actuellement les deux équations $x+y=50$, $x-y=12$.

En les ajoutant membre à membre, on obtient $x+y+x-y=50+12$, ou en réduisant $2x=62$; prenant la moitié de chaque membre, il vient $x=31$.

Retranchant la seconde équation de la première, on trouve $x+y-x+y=50-12$, d'où $2y=38$ et $y=19$.

Les deux frères ont donc, l'un 31 *ans et l'autre* 19.

Pour vérifier cette *solution*, remplaçons x et y par 31 et 19, dans les équations $x+y=50$, $x-y=12$; elles deviennent $31+19=50$, $31-19=12$, ce qui est exact.

201. On distingue trois espèces de problèmes; les problèmes *déterminés*, *indéterminés* et *impossibles*.

1.° Un problème est *déterminé* quand il a une solution ou un nombre fini de solutions. Tel est celui qui vient d'être résolu.

2.° Un problème est *indéterminé* quand il est susceptible d'une infinité de solutions. En voici un exemple : *Un père a* 30 *ans à la naissance de son fils; à quel âge le fils aura-t-il* 30 *ans de moins que son père?* Cette condition se trouve visiblement remplie quel que soit l'âge du fils. Ce problème est donc indéterminé.

3.° Un problème est *impossible* quand il n'a aucune solution. *Ex.* : Un *père a* 30 *ans à la naissance de son fils; à quel âge le fils aura-t-il* 36 *ans de moins que son père?* Il est manifeste que cette condition ne peut jamais avoir lieu, et que par conséquent cette question est impossible.

II. *Notions générales sur les équations.*

202. Une *équation* est l'expression de l'égalité de deux quantités. *Ex.* : $5x-4=8-x$.

203. L'ensemble des termes qui précèdent le signe d'égalité forme le *premier membre* de l'équation, et l'ensemble de ceux qui le suivent en forme le *second membre*. Ainsi $5x-4$ et $8-x$ sont le premier et le second membre de l'équation $5x-4=8-x$.

204. Une équation peut renfermer *deux* ou *un plus grand nombre d'inconnues*. *Ex.* : L'équation $xy=x-y$

contient deux inconnues x et y; l'équation $x^2+y^2+z^2=xyz$ en contient trois x, y et z.

205. Les équations sont *numériques* ou *littérales; numériques*, lorsque les quantités connues sont des nombres; *littérales*, lorsqu'elles sont des lettres, ou des lettres combinées avec des nombres. *Ex.*: $5x-4=8-x$ est une *équation numérique; $ax+b=c-dx$* une *équation littérale*.

206. *Résoudre une équation à une seule inconnue*, c'est trouver un nombre qui, mis à la place de l'inconnue dans l'équation, rende ses deux membres numériquement égaux. Ainsi l'équation $5x-4=8-x$ est résolue par $x=2$, car en substituant, on obtient $5\times2-4=8-2$ ou $6=6$.

En général, *résoudre plusieurs équations à plusieurs inconnues*, c'est déterminer des nombres qui, substitués aux inconnues dans ces équations, vérifient séparément chacune d'elles. La question du n.° 200 a conduit à la résolution de deux équations à deux inconnues.

207. Il y a trois espèces d'équations, savoir : l'*équation proprement dite*, l'*équation identique* ou l'*identité*, et l'*équation impossible*.

1.° L'*équation proprement dite* est celle qui n'a lieu que pour une seule valeur ou un certain nombre de valeurs de l'inconnue. Telle est l'équation $5x-4=8-x$ qui n'est satisfaite que par $x=2$, et l'équation $x^2-5x=-6$ qui ne l'est que par $x=2$ et $x=3$.

2.° *L'équation identique* ou l'*identité* est celle qui subsiste pour toutes les valeurs assignées à l'inconnue. L'équation $2x+1=2x+1$ est identique, car elle est vraie, lorsqu'on suppose $x=0$, $x=1$, $x=2$, $x=3$, etc., et en général quel que soit le nombre mis à la place de x.

Toutes les identités ne sont pas, comme celle qui précède, évidentes au premier coup-d'œil; mais elles se manifestent toujours, lorsqu'on effectue les opérations indiquées et que l'on fait la réduction. Veut-on reconnoître, par exemple, si l'équation

$$(x-1)^2+2x-2=(x+1)(x-1)$$

est identique? On forme le carré de $x-1$ (100) et le produit $(x+1)(x-1)$(46), et l'on trouve

$$x^2-2x+1+2x-2=x^2-1 \text{ ou } x^2-1=x^2-1.$$

Cette équation est donc identique.

3.° *L'équation impossible* est celle qui ne peut être satisfaite par aucune valeur de l'inconnue. L'équation $x+5=x+7$ est impossible, car ses deux membres ne peuvent devenir égaux quelle que soit la valeur attribuée à x.

Il est facile de s'apercevoir que ces trois espèces d'équations correspondent aux problèmes déterminés, indéterminés et impossibles.

208. On appelle *degré* d'une équation à une seule inconnue le plus haut exposant de l'inconnue dans cette équation. Ainsi $5x-4=8-x$ est une équation du *premier degré*, $x^2-5x=-6$ une équation du *deuxième degré*, et $x^3-7x=10$ une équation du *troisième degré*.

Généralement, le *degré* d'une équation a plusieurs inconnues est la plus forte somme des exposans des inconnues dans un terme quelconque de cette équation. *Exemples:* les équations $3x-2y=5$, $xy-x-y=5$, $x^3y^4-y^5=7$, sont respectivement du *premier*, du *second* et du *septième degré*.

209. La résolution des équations se complique singulièrement à mesure que leur degré augmente; nous nous proposons seulement d'en développer la partie élémentaire.

III. *Transformation des équations.*

210. On a pour but dans la *transformation* des équations de les ramener à une forme plus simple et par-là d'en faciliter la résolution. Il ne sera question dans ce paragraphe que des transformations communes à toute espèce d'équations.

211. Pour faire passer un terme d'un membre d'une

équation dans l'autre, *il faut supprimer ce terme dans le membre où il se trouve et l'écrire dans l'autre avec un signe contraire.* En effet, supprimer dans un membre un terme positif ou négatif, c'est diminuer ou augmenter ce membre de la valeur absolue de ce terme; donc, pour maintenir l'égalité, il faut aussi diminuer ou augmenter l'autre membre de la valeur absolue de ce même terme, c'est-à-dire, l'y écrire avec un signe contraire.

Premier exemple. L'équation $7x-9=3x-5$ se change en $7x-3x=9-5$, en faisant passer le terme $3x$ du second membre dans le premier, et le terme -9 du premier dans le second.

Deuxième exemple. L'équation $ax+b=c-dx$ se transforme en $ax+dx=c-b$, lorsqu'on transpose b dans le second membre, et $-dx$ dans le premier.

212. *Il est permis de transposer les membres d'une équation*, ce qui résulte évidemment de sa définition (202). On emploie ordinairement cette transposition quand tous les termes affectés de l'inconnue se trouvent dans le second membre. Ainsi l'équation $3=x-\frac{x}{5}$ fournit tout de suite $x-\frac{x}{5}=3$.

213. *On peut, sans altérer une équation, changer les signes de tous ses termes*, car cela revient à transposer les deux membres, puis à faire passer tous les termes du premier membre dans le second, et tous ceux du second dans le premier. Ainsi l'équation $-ax+c=d-cx$ devient d'abord $d-cx=-ax+c$, et ensuite $ax-c=-d+cx$.

214. Pour faire disparoître les dénominateurs d'une équation quelconque, *on réduit tous ses termes au même dénominateur, et on supprime ensuite le dénominateur commun.* En effet, l'équation n'est pas altérée par la réduction de tous ses termes au même dénominateur, et ensuite elle n'est pas troublée par la suppression du déno-

minateur commun, puisque par-là on rend ses deux membres le même nombre de fois plus grand.

Prenons pour premier exemple l'équation

$$\frac{x}{2}-\frac{3x}{5}+7=\frac{2x}{3};$$

les termes $\frac{x}{2}$, $-\frac{3x}{5}$, $\frac{7}{1}$, $\frac{2x}{3}$ réduits au même dénominateur, deviennent $\frac{15x}{30}$, $-\frac{18x}{30}$, $\frac{210}{30}$, $\frac{20x}{30}$, et par suite l'équation donnée devient

$$\frac{15x}{30}-\frac{18x}{30}+\frac{210}{30}=\frac{20x}{30},$$

ou, en supprimant le dénominateur commun,

$$15x-18x+210=20x.$$

Soit pour deuxième exemple l'équation

$$\frac{3bx}{4a^2}-\frac{c^2x}{2ab^2}+\frac{c}{6b}=\frac{a^2x}{3b^3}-1.$$

Le plus petit multiple des dénominateurs $4a^2$, $2ab^2$, $6b$, $3b^3$ est visiblement $12a^2b^3$, et les quotiens que l'on obtient en divisant $12a^2b^3$ successivement par ces dénominateurs sont : $3b^3$, $6ab$, $2a^2b^2$, $4a^2$; multiplions donc les deux termes de chaque fraction par le quotient correspondant et le terme entier par $12a^2b^3$, il vient :

$$\frac{9b^4x}{12a^2b^3}-\frac{6abc^2x}{12a^2b^3}+\frac{2a^2b^2c}{12a^2b^3}=\frac{4a^4x}{12a^2b^3}-\frac{12a^2b^3}{12a^2b^3},$$

et, en omettant le dénominateur commun,

$$9b^4x-6abc^2x+2a^2b^2c=4a^4x-12a^2b^3.$$

Soit pour dernier exemple l'équation

$$2x^5-\frac{x^3}{x+1}=\frac{1}{x-1};$$

elle se change d'abord en

$$\frac{2x^5(x+1)(x-1)}{(x+1)(x-1)}-\frac{x^3(x-1)}{(x+1)(x-1)}=\frac{x+1}{(x+1)(x-1)},$$

puis en

$$2x^5(x+1)(x-1)-x^3(x-1)=x+1\,;$$

d'où, en effectuant les calculs indiqués,

$$2x^7-2x^5-x^4+x^3=x+1,$$

équation du 7.me degré.

215. Si l'équation donnée ne renferme qu'un seul dénominateur, *il est plus simple de multiplier ses deux membres par ce dénominateur*. Ainsi pour chasser le dénominateur de l'équation $\frac{x}{7}-1=2x+5$, on multiplie tous ses termes par 7, ce qui donne $x-7=14x+35$.

CHAPITRE II.

ÉQUATIONS ET PROBLÈMES DU PREMIER DEGRÉ A UNE SEULE INCONNUE.

216. Avant d'exposer la méthode générale pour résoudre les équations du premier degré à une seule inconnue, nous allons faire connoître quelques procédés très-simples qui reviennent souvent dans les applications.

I. *Règles pour dégager l'inconnue dans une équation du premier degré.*

217. L'inconnue peut, dans une équation du premier degré, être *engagée*, avec les quantités connues, de quatre manières différentes : 1.° par *addition* ; 2.° par *soustraction* ; 3.° par *multiplication* ; 4.° par *division*. Les procédés que l'on emploie pour la dégager, reposent sur cet axiome : *on peut, sans troubler une équation, effectuer les mêmes opérations sur les deux membres.* Cela posé,

1.° Soit l'équation $x+3=12$ dans laquelle l'inconnue x est engagée avec le nombre 3 par *voie d'addition* ; retranchons 3 de chacun des membres, nous aurons $x+3-3=12-3$ ou $x=9$, en remarquant que $3-3=0$ et que $12-3=9$. Donc *lorsque l'inconnue est engagée par addition, on la dégage par soustraction.*

2.° Soit l'équation $x-3=12$ dans laquelle l'inconnue x est engagée avec le nombre 3 par *voie de soustraction* ; ajoutons 3 à chaque membre, il vient $x-3+3=12+3$ ou, en réduisant, $x=15$. Donc *lorsque l'inconnue est engagée par soustraction, on la dégage par addition.*

3.° soit l'équation $3x=12$ dans laquelle l'inconnue x est engagée avec le nombre 3 par *voie de multiplication* ; divisant les deux membres par 3, on obtient $\frac{3}{3}x=\frac{12}{3}$ ou

$x=4$, en observant que $\frac{3}{3}=1$. Donc *lorsque l'inconnue est engagée par multiplication, on la dégage par division.*

4.° Soit l'équation $\frac{x}{3}=12$ dans laquelle l'Inconnue x est engagée avec le nombre 3 par *voie de division;* multipliant les deux membres par 3, on trouve $\frac{3}{3}x=36$ ou $x=36$. Donc *lorsque l'inconnue est engagée par division, on la dégage par multiplication.*

En répétant les mêmes raisonnemens sur les quatre équations

$$x+b=a, \quad x-b=a, \quad bx=a, \quad \frac{x}{b}=a,$$

on en tire

$$x=a-b, \quad x=a+b, \quad x=\frac{a}{b}, \quad x=ab.$$

On peut conclure de tout ce qui précède que *lorsque l'inconnue est engagée par voie d'une opération quelconque, on la dégage par l'opération contraire.*

218. *Si l'inconnue est engagée par plusieurs opérations à la fois, on la dégage successivement par les opérations opposées.* Soit, pour exemple, l'équation

$$4+\frac{2x}{3}-5=11$$

où l'inconnue x est liée aux nombres 4, 5, 2, 3, par *addition, soustraction, multiplication* et *division;* on en déduit

1.° en retranchant 4 des deux membres, $\frac{2x}{3}-5=7$;

2.° en y ajoutant 5, $\frac{2x}{3}=12$;

3.° en les divisant par 2, $\frac{x}{3}=6$;

4.° en les multipliant par 3, $x=18$.

Pour vérifier, remplaçons x par 18 dans l'équation donnée; elle devient

$$4+\frac{2.18}{3}-5=11 \text{ ou } 11=11.$$

II. *Résolution des équations du premier degré à une seule inconnue.*

219. Pour résoudre une équation du premier degré à une seule inconnue, on lui fait subir successivement les quatre transformations suivantes :

1.re transformation. *On fait disparoître tous les dénominateurs de l'équation* (214) ;

2.e trans. *On transpose dans le premier membre tous les termes affectés de l'inconnue, et dans le second tous les termes connus* (211) ;

3.e trans. *On effectue la réduction des termes semblables dans les deux membres* (31), *et, si l'équation est littérale, on met l'inconnue en facteur dans le premier* (48) ;

4.e trans. *On dégage l'inconnue de son coefficient par la division* (217).

Pour vérifier si la valeur trouvée pour l'inconnue satisfait à l'équation donnée, *il faut voir si ses deux membres deviennent identiquement égaux, lorsqu'on substitue cette valeur à la lettre qui représente l'inconnue.*

Soit proposé de résoudre l'équation numérique

$$x-\frac{2x}{3}+1=5-\frac{x}{2};$$

faisant subir à cette équation les quatre transformations énoncées ci-dessus, on trouve

1.re *trans.* $6x-4x+6=30-3x$;

2.e *trans.* $6x-4x+3x=30-6$;

3.e *trans.* $5x=24$;

4.e *trans.* $x=\frac{24}{5}$ ou $x=4\frac{4}{5}$.

Substituant, pour faire la vérification, $\frac{24}{5}$ à x dans l'équation donnée, il vient

$$\frac{24}{5}-\frac{2.24}{5.3}+1=5-\frac{24}{5.2} \text{ ou } \frac{13}{5}=\frac{13}{5}.$$

Soit encore proposé de résoudre l'équation littérale

$$x-a=\frac{bc}{d}+\frac{cfx}{de};$$

on en tire

1.re *trans.* $dex-ade=bce+cfx$;
2.e *trans.* $dex-cfx=ade+bce$;
3.e *trans.* $(de-cf)x=(ad+bc)e$; (a)
4.e *trans.* $x=\frac{(ad+bc)e}{de-cf}$.

220. Les équations (a) sont évidemment des conséquences immédiates de l'équation donnée ; pour exprimer cette circonstance, on dit qu'elles *rentrent* dans celle-ci.

En général, *deux équations rentrent l'une dans l'autre*, lorsque, par quelques transformations, elles peuvent se déduire l'une de l'autre.

III. *Résolution de plusieurs problèmes dont les données sont numériques.*

221. Problème. *On demandoit à Pythagore combien de disciples fréquentoient son école. Il fit cette réponse ambiguë ; une moitié étudient l'arithmétique, un tiers la géométrie, un septième la physique et il y a de plus une femme. Combien Pythagore avoit-il de disciples ?*

Cette question revient visiblement à celle-ci : *trouver un nombre dont la moitié, le tiers, le septième, augmentés de l'unité, donnent pour somme ce même nombre.*

Représentons par x le nombre cherché ; la moitié, le tiers, le septième de ce nombre, sont exprimés respectivement par $\frac{x}{2}$, $\frac{x}{3}$, $\frac{x}{7}$, et, en vertu de l'énoncé, l'on a

$$\frac{x}{2}+\frac{x}{3}+\frac{x}{7}+1=x;$$

si l'on fait subir à cette équation les quatre transformations du n.° 219, on obtient

1.re *trans.* $21x+14x+6x+42=42x$; 3.e *tr.* $-x=-42$;
2.e *trans.* $21x+14x+6x-42x=-42$; 4.e *trans.* $x=42$.

Pythagore avoit donc 42 disciples. Pour vérifier, remplaçons x par 42 dans l'équation initiale ; nous aurons

$$\frac{42}{2}+\frac{42}{3}+\frac{42}{7}+1=42 \text{ ou } 42=42.$$

afin d'abréger, nous nous dispenserons désormais de faire la vérification.

222. Problème. *Une personne change des pièces de 2 fr. contre des pièces de 5 fr. et se trouve avoir, après cet échange, 102 pièces de moins ; quelle somme possède-t-elle ?*

Soit x cette somme exprimée en francs ; elle renferme $\frac{x}{2}$ pièces de 2 fr. et $\frac{x}{5}$ pièces de 5 fr. ; or, la différence entre ces deux nombres de pièces est 102 ; donc

$$\frac{x}{2}-\frac{x}{5}=102 ;$$

équation qui fournit

1.re *trans.* $5x-2x=1020$; 3.e *trans.* $3x=1020$;
2.e *trans.* Elle est effectuée ; 4.e *trans.* $x=340$.

Cette personne a donc 340 fr.

223. Problème. *Quel âge avons nous l'un et l'autre ? demande un fils à son père. Le père répond : votre âge est actuellement le tiers du mien, et il y a six ans qu'il en étoit le quart ; déterminer l'âge de chacun.*

Soit x l'âge actuel du fils ; celui du père est $3x$; il y a six ans, le fils avoit $x-6$ ans et le père $3x-6$; mais à cette époque l'âge du fils étoit le quart de celui du père ; donc

$$x-6=\frac{3x-6}{4} ;$$

d'où

1.re *trans.* $4x-24=3x-6$; 2.e et 3.e *trans.* $x=18$.

Le fils a donc 18 ans et le père 3.18 ou 54 ans.

224. PROBLÈME. *Une personne charitable rencontre des pauvres, et veut donner à chacun 4 fr.; mais elle trouve, après avoir compté son argent, qu'il lui faudroit 5 fr. de plus; elle donne alors 3 fr. à chaque pauvre et il lui reste 2 fr.; on demande combien il y avoit de pauvres et combien cette personne possédoit.*

On peut prendre pour inconnue le *nombre des pauvres* ou *celui des francs.*

1.° Soit x le nombre des pauvres; si chacun recevoit 4 fr., les x pauvres recevroient $4x$ fr.; mais il manque 5 fr. pour que cette distribution soit possible: donc *le nombre des francs* est exprimé par $4x-5$. Actuellement, chaque pauvre recevant 3 fr., les x pauvres reçoivent $3x$ fr., et, à raison de ce qu'il reste 2 fr., *le nombre des francs* est aussi exprimé par $3x+2$; égalant les expressions $4x-5$, $3x+2$ qui désignent une même quantité, il vient

$$4x-5=3x+2,$$

équation d'où l'on tire

1.re *trans.* Elle est effec. 2.e *tr.* $4x-3x=5+2$; 3.e *tr.* $x=7$.

Il y avoit donc 7 pauvres, et cette personne possédoit 23 fr., puisque $4x-5=4.7-5=23$.

2.° Soit y le nombre des francs; si cette personne avoit 5 fr. de plus ou $(y+5)$ fr., elle pourroit donner 4 fr. à chaque pauvre: donc *le nombre des pauvres* est $\frac{y+5}{4}$; si elle avoit 2 fr. de moins ou $(y-2)$ fr., il ne lui resteroit rien après avoir donné 3 fr. à chacun d'eux: donc *le même nombre* est aussi représenté par $\frac{y-2}{3}$: de là résulte l'équation

$$\frac{y+5}{4}=\frac{y-2}{3};$$

on en déduit

1.re *trans.* $3y+15=4y-8$; 3.e *trans.* $-y=-23$;
2.e *trans.* $3y-4y=-15-8$; 4.e *trans.* $y=23$.

On trouve donc, comme précédemment, que *cette personne possédoit 23 fr. et qu'il y avoit 7 pauvres*, car

$$\frac{y+5}{4}=\frac{23+5}{4}=7.$$

225. PROBLÈME. *Un avare range ses écus par piles de 11 écus et il lui en reste 1; il forme alors des piles de 13 écus et il lui en reste 9, mais il a deux piles de moins; combien a-t-il d'écus?*

Soit x le nombre des écus de l'avare; $\frac{x-1}{11}$ exprime le nombre des piles de 11 écus et $\frac{x-9}{13}$ celui des piles de 13 écus; or, le premier nombre doit surpasser le second de 2: donc

$$\frac{x-1}{11}=\frac{x-9}{13}+2;$$

équation qui fournit

1.re *trans.* $13x-13=11x-99+286$; 3.e *trans.* $2x=200$;
2.e *trans.* $13x-11x=13-99+286$; 4.e *trans.* $x=100$.

L'avare a donc 100 écus.

226. PROBLÈME. *Un particulier a 354 fr. dont il retire 20 fr. d'intérêt, en faisant valoir une partie au 5 pour cent et l'autre au 7; quelles sont ces deux parties?*

Soit x la première partie; l'autre est $354-x$; les sommes x et $354-x$ renferment $\frac{x}{100}$ et $\frac{354-x}{100}$ centaines de francs, et conséquemment, placées au 5 et au 7 pour cent, elles rapportent annuellement l'une $\frac{5x}{100}$ et l'autre $\frac{7(354-x)}{100}$; en ajoutant les intérêts de ces deux sommes, on doit visiblement retrouver l'intérêt total: donc

$$\frac{5x}{100}+\frac{7(354-x)}{100}=20;$$

équation d'où l'on tire

1.re *trans.* $5x+2478-7x=2000$; 3.e *trans.* $-2x=-478$;
2.e *trans.* $5x-7x=2000-2478$; 4.e *trans.* $x=239$.

Ainsi, *la première partie est* 239 *fr. et l'autre* 354—239 *ou* 115 *fr.*

227. PROBLÈME. *On donne à un ouvrier* 1 *fr.* 75 *par jour lorsqu'il travaille ; mais, chaque jour qu'il se repose, on lui retient* 0 *fr.* 80 *pour sa nourriture. Au bout de* 27 *jours, il reçoit* 31 *fr.* 95 *pour solde de son compte. On demande le nombre de jours de travail et le nombre de jours de repos.*

Si l'on désigne par x le nombre de jours de travail, le nombre de jours de repos sera $27-x$; l'ouvrier aura gagné $1,75.x$ fr. sur lesquels on doit lui retenir pour sa nourriture $0,80.(27-x)$ fr.; égalant donc la différence de ces deux expressions à la somme 31 fr. 95 qu'il reçoit, il vient

$$1,75.x-0,80.(27-x)=31,95,$$

et, en multipliant par 100 pour faire disparoître les fractions décimales,

$$175x-80(27-x)=3195 \text{ ou } 175x-2160+80x=3195.$$

Résolvant cette équation :

1.re *trans.* Elle est effect.; 3.e *tr.* $255x=5355$;
2.e *trans.* $175x+80x=2160+3195$; 4.e *trans.* $x=21$.

L'ouvrier a donc travaillé pendant 21 *jours et s'est reposé pendant* 27—21 *ou* 6 *jours.*

228. PROBLÈME. *La somme des deux chiffres d'un nombre est* 12, *et, en y ajoutant* 18, *on obtient pour somme un nombre composé des mêmes chiffres, mais dans un ordre renversé. Quel est ce nombre?*

Soit x le chiffre des unités; celui des dizaines est $12-x$, et ce nombre vaut $10(12-x)+x$; si l'on y ajoute 18, la somme $10(12-x)+x+18$ doit être composée de x dizaines et de $12-x$ unités, et par conséquent doit égaler $10x+12-x$: donc

$$120-10x+x+18=10x+12-x;$$

d'où

1.re *trans.* Elle est effect. 3.e *trans.* $-18x = -126$;
2.e *trans.* $-10x + x - 10x + x = 12 - 120 - 18$; 4.e *tr.* $x = 7$.

Le chiffre des unités étant 7, celui des dizaines est $12 - 7$ ou 5 ; *le nombre demandé est donc* 57.

229. PROBLÈME. *Un général veut disposer un régiment composé de* 1164 *hommes en bataillon carré à centre vide, de manière qu'il y ait trois rangs sur chaque côté ; combien doit-il mettre d'hommes à chaque rang?*

Soit x ce nombre; si le bataillon carré étoit à centre plein, il se composeroit de x^2 hommes ; mais puisqu'il n'y a que 3 rangs sur chaque côté, il faut en retrancher $(x-6)^2$ expression qui représente un bataillon carré à centre plein, sur le côté duquel il y auroit $x-6$ hommes ; l'équation du problème sera donc

$$x^2 - (x-6)^2 = 1164,$$

et, en développant le carré de $x-6$(100),

$$x^2 - x^2 + 12x - 36 = 1164 \text{ ou } 12x - 36 = 1164;$$

équation du premier degré d'où l'on tire $x = 100$; *ce général doit donc mettre* 100 *hommes à chaque rang.*

230. PROBLÈME. *Achille va dix fois plus vîte qu'une tortue qui a une lieue d'avance sur lui ; à quelle distance la rencontrera-t-il?*

Soit x le nombre de lieues qu'Achille doit parcourir pour atteindre la tortue ; cette dernière aura fait alors $x-1$ lieues et l'on aura l'équation

$$x = 10(x-1) \text{ ou } x = 10x - 10;$$

d'où l'on déduit $x = \frac{10}{9}$ de lieue ou $x = 1\frac{1}{9}$. *Achille atteindra donc la tortue après avoir fait* $1\frac{1}{9}$.

Ce problème, dont l'énoncé est au moins ridicule, étoit fameux dans le temps où les philosophes grecs se plaisoient à revêtir des apparences de la vérité les assertions les plus absurdes. Voici le sophisme qu'employoit Zénon à son égard : « Lorsqu'Achille aura parcouru la première lieue,

« la tortue aura fait un dixième de la lieue suivante : lors-« qu'Achille aura parcouru ce dixième, la tortue aura fait « le centième suivant ; et ainsi de suite : donc Achille « n'atteindra jamais la tortue. »

Ce raisonnement conduit évidemment à une conclusion fausse ; mais où péche-t-il ? c'est ce que Zénon demandoit.

Remarquons qu'Achille, avant de rencontrer la tortue, parcourera un espace exprimé par la série indéfinie de termes $1+\frac{1}{10}+\frac{1}{100}+\frac{1}{1000}+$ etc. ; cet espace au premier coup-d'œil paroît infini et c'est ce qui rend le raisonnement qui précède assez spécieux ; mais il en est autrement, car cette série égale visiblement 1,111111 etc., fraction décimale périodique dont la valeur est $1\frac{1}{9}$. Nous retombons donc ainsi sur la solution d'abord obtenue.

IV. *Résolution de plusieurs problèmes dont les données sont algébriques.*

231. Problème. *Partager un nombre en parties proportionnelles à deux ou à trois nombres donnés.*

1.° Soit à partager le nombre a en parties proportionnelles aux deux nombres m et n ; désignant la première partie par x, l'autre sera $a-x$, et l'on aura la proportion

$$x : a-x :: m : n,$$

d'où, en égalant le produit des extrêmes à celui des moyens,

$$nx = m(a-x) \text{ ou } nx = ma-mx ;$$

équation qui fournit

1.re *trans.* Elle est effect. 3.e *trans.* $(m+n)x = ma$;

2.e *trans.* $mx+nx = ma$; 4.e *trans.* $x = \frac{ma}{m+n}$.

$$\text{La 2.}^{e}\ partie\ a-x = a-\frac{ma}{m+n} = \frac{na}{m+n}.$$

Pour faire une application de ces formules (6), posons $a = 14$, $m = 4$, $n = 3$ et substituons ; elles donnent

$$1^{re}\ partie = \frac{4.14}{4+3} = 8, \qquad 2.^{e}\ partie = \frac{3.14}{4+3} = 6.$$

2.° Soit à partager le nombre a en trois parties proportionnelles aux nombres m, n, p. Représentons la 1.re partie par x, la 2.e et la 3.e se détermineront au moyen des proportions

x : 2.e *partie* :: $m : n$, x : 3.e *partie* :: $m : p$

d'où l'on déduit

2.e *partie* $= \frac{nx}{m}$, 3.e *partie* $= \frac{px}{m}$;

or, la somme des trois parties x, $\frac{nx}{m}$, $\frac{px}{m}$ doit reproduire le nombre a : donc

$$x + \frac{nx}{m} + \frac{px}{m} = a;$$

équation d'où l'on tire successivement

1.re *trans.* $mx + nx + px = ma$; 3.e *tr.* $(m+n+p)x = ma$;

2.e *trans.* Elle est effect; 4.e *tr.* $x = \frac{ma}{m+n+p}$.

la 2.e *partie* $\frac{nx}{m} = \frac{n}{m} \cdot \frac{ma}{m+n+p} = \frac{na}{m+n+p}$.

La 3.e *partie* $\frac{px}{m} = \frac{p}{m} \cdot \frac{ma}{m+n+p} = \frac{pa}{m+n+p}$.

Supposant $a = 30$, $m = 1$, $n = 2$, $p = 3$ et substituant, on trouve

1.re *partie* $= 5$, 2.e *partie* $= 10$, 3.e *partie* $= 15$.

232. Problème. *Insérer entre les deux nombres a et b un troisième nombre tel que ses différences aux deux premiers soient entr'elles comme $a : b$.*

Soit x le nombre cherché et a le plus grand des deux nombres donnés; $a-x$ exprime la différence entre les nombres a et x, et $x-b$ la différence entre x et b. Donc

$a-x : x-b :: a : b$, d'où $ax - ab = ab - bx$;

résolvons cette équation:

2.e et 3.e *trans.* $(a+b)x = 2ab$; 4.e *trans.* $x = \frac{2ab}{a+b}$.

Posons $a = 7$ et $b = 4$, cette formule donne $x = \frac{2.7.4}{7+4}$ ou $5x = \frac{1}{11}$.

233. PROBLÈME. *De quelle quantité faut-il augmenter les quatre nombres* a, b, c, d, *pour que les quatre sommes soient en proportion géométrique?*

Soit x cette quantité, nous aurons

$$a+x : b+x :: c+x : d+x$$

d'où, en égalant le produit des extrêmes à celui des moyens,

$$(a+x)(d+x) = (b+x)(c+x);$$

effectuant les produits indiqués et supprimant le terme x^2 dans les deux membres, il vient

$$ax+dx+ad = bx+cx+bc;$$

équation qui donne

1.re *tr.* elle est effect.; 3.e *tr.* $(a+d-b-c)x = bc-ad$;

2.e *tr.* $ax+dx-bx-cx = bc-ad$; 4.e *tr.* $x = \frac{bc-ad}{a+d-b-c}$.

Supposant $a = 12, b = 9, c = 2, d = 1$ et substituant, on trouve $x = 3$.

La proportion

$$12+3 : 9+3 :: 2+3 : 1+3 \text{ ou } 15 : 12 :: 5 : 4$$

est effectivement exacte, puisque $15 \times 4 = 12 \times 5$.

234. PROBLÈME. *Partager un nombre donné* a *en deux parties telles que la différence de leurs carrés soit un nombre donné* b.

La première partie étant x, l'autre sera visiblement $a-x$, et, en vertu de l'énoncé, on aura

$$x^2-(a-x)^2 = b \text{ ou bien } x^2-a^2+2ax-x^2 = b;$$

équation d'où l'on tire, en observant que $x^2-x^2 = 0$,

$$x = \frac{a^2+b}{2a} \text{ et } a-x = \frac{a^2-b}{2a};$$

le problème n'est *soluble* que dans le cas de $b < a^2$, car si l'on avoit $b > a^2$, la deuxième partie seroit négative et la première plus grande que $\frac{a^2+a^2}{2a}$ ou a, ce qui est absurde.

235. **Problème.** a *kilogrammes d'eau salée contiennent* b *kil. de sel; combien faut-il y ajouter d'eau douce, pour que, sur* c *kil. du mélange, il y ait* d *kil. de sel?*

Soit x ce poids d'eau douce; le nouveau mélange se composant de $(a+x)$ kil. sur lesquels il y a b kil. de sel, contient évidemment $\frac{b}{a+x}$ de sel par kilogramme; c kil. de ce mélange renferment donc $\frac{bc}{a+x}$ de sel, d'où résulte l'équation

$$d=\frac{bc}{a+x};$$

1.re *trans.* $ad+dx=bc$; 2.e et 4.e *trans.* $x=\frac{bc-ad}{d}$.

Si $ad>bc$, la valeur de x est négative et par suite le problème *insoluble;* posant $a=10, b=3, c=7, d=1,5$, on trouve $x=4$ kil.

236. **Problème.** *Un jardinier avoit planté des arbres à tous les sommets d'un polygone régulier dont le contour est de* a *mètres; mécontent de cette disposition, il les arrache et les replante à égale distance les uns des autres, sur une ligne droite dont les extrémités sont distantes de* b *mèt.; on demande combien il y avoit d'arbres, sachant que l'intervalle qui sépare deux arbres consécutifs est le même dans les deux dispositions.*

Soit x ce nombre d'arbres; puisque le contour du polygone régulier est de a mèt., la longueur de chaque côté et par conséquent la distance de deux arbres consécutifs égale $\frac{a}{x}$; maintenant lorsque les arbres sont plantés sur une ligne droite de b mèt. de longueur, il n'y a plus que $x-1$ intervalles et chacun d'eux égale $\frac{b}{x-1}$; mais la distance qui sépare deux arbres consécutifs est, d'après l'énoncé, la même dans les deux dispositions: donc

$$\frac{a}{x} = \frac{b}{x-1};$$

équation qui fournit

1.re *trans.* $ax - a = bx$; 3.e *trans.* $(a-b)x = a$;

2.e *trans.* $ax - bx = a$; 4.e *trans.* $x = \frac{a}{a-b}$.

Posant $a = 100$ et $b = 98$, on trouve $x = 50$ *arbres*.

237. Problème. *Un chasseur promet à un autre de lui donner* a *fr. toutes les fois qu'il manquera une pièce de gibier, et cet autre s'engage à son tour à lui payer* b *fr. quand il l'atteindra; après* c *coups, ils ne se doivent rien: combien y a-t-il eu de coups justes et de coups manqués?*

Soit x le nombre des coups justes; celui des coups manqués sera $c-x$; le premier chasseur payera au second $a(c-x)$ fr. et en recevra bx fr.; mais, d'après l'énoncé, ces deux sommes sont égales: donc

$$bx = a(c-x) \text{ ou } bx = ac - ax;$$

tirant la valeur de l'inconnue et de $c-x$, on obtient

$$x = \frac{ac}{a+b}, \quad c-x = \frac{bc}{a+b}.$$

Posant $a = 5, b = 3, c = 20$, on trouve que le nombre des coups justes est $12\frac{1}{2}$ et que $7\frac{1}{2}$ est celui des coups manqués; un nombre de coups de fusil ne pouvant être fractionnaire, cette circonstance rend le problème *insoluble*.

238. Problème. *Un fantassin se rendant à sa garnison, calcule que, s'il fait* a *lieues par jour, il arrivera* b *jours après l'époque qui lui est fixée, et que, s'il fait* c *lieues par jour, il arrivera* d *jours trop tôt; combien doit-il faire de lieues pour arriver à sa destination?*

Soit x ce nombre de lieues; si le fantassin fait a lieues par jour, il lui faut $\frac{x}{a}$ jours pour faire sa route; mais, de ce qu'alors il est en retard de b jours, il suit que $\frac{x}{a} - b$ est l'expression algébrique du nombre de jours qu'on lui a accordé; on trouveroit par un raisonnement semblable que ce nombre de jours peut aussi être représenté par $\frac{x}{c}+d$; de là résulte

$$\frac{x}{a}-b=\frac{x}{c}+d,$$

équation qui, étant résolue, donne $x=\frac{ac(b+d)}{c-a}$; on en déduit aisément $\frac{x}{a}-b=\frac{ab+cd}{c-a}$.

239. Problème. *Trois fontaines remplissent: la première, un bassin de* a *litres en* l *heures; la deuxième, un bassin de* b *litres en* m *heures; la troisième, un bassin de* c *litres en* n *heures. En combien d'heures ces trois fontaines, coulant ensemble, rempliront-elles un bassin de* d *litres?*

Puisque les trois fontaines remplissent des bassins de a,b,c litres en l,m,n heures, elles fournissent respectivement en une heure $\frac{a}{l},\frac{b}{m},\frac{c}{n}$ litres. Cela posé, désignons par x le nombre d'heures cherché; dans ce temps, les trois fontaines verseront dans le quatrième bassin $\frac{ax}{l},\frac{bx}{m},\frac{cx}{n}$ litres, et, comme alors il doit être rempli, nous aurons

$$\frac{ax}{l}+\frac{bx}{m}+\frac{cx}{n}=d,$$

équation d'où l'on tire

$$x=\frac{lmnd}{mna+lnb+lmc}.$$

Si les quatre bassins sont d'égale capacité, auquel cas $a=b=c=d$, cette formule devient

$$x=\frac{lmna}{mna+lna+lma} \text{ ou } x=\frac{lmn}{mn+ln+lm}.$$

Si on suppose $l=m=n$, cette même formule se change en celle-ci

$$x=\frac{l^3d}{l^2a+l^2b+l^2c} \text{ ou } x=\frac{ld}{a+b+c}.$$

Si l'on fait en même temps les deux suppositions précédentes, on a

$$x=\frac{l^3a}{l^2a+l^2a+l^2a} \text{ ou } x=\frac{l}{3}.$$

Enfin, s'il n'y avoit que deux fontaines, il suffiroit de supposer, dans la formule générale de ce problème, $c=0$: ce qui donneroit

$$x=\frac{lmnd}{mna+lnb} \text{ ou } x=\frac{lmd}{ma+lb}.$$

240. **Problème.** *Un réservoir contenant* a *litres, peut se remplir en* b *heures en ouvrant le robinet d'une fontaine, et se vider totalement en* c *heures en levant une soupape. Ce réservoir renferme* d *litres à l'instant où l'on ouvre le robinet et la soupape. Dans combien d'heures contiendra-t-il* e *litres? (On suppose que les écoulemens sont uniformes.)*

Représentons par x ce nombre d'heures; dans ce temps, la fontaine verse $\frac{a}{b}x$ litres dans le réservoir, et il s'en écoule $\frac{a}{c}x$ par la soupape; on a donc l'équation

$$d+\frac{a}{b}x-\frac{a}{c}x=e,$$

d'où l'on tire

$$x=\frac{bc(e-d)}{a(c-b)}.$$

Le problème n'est *soluble* que dans le cas de x positif, c'est-à-dire lorsque $e>d$ et $c>b$, ou bien lorsque $e<d$ et $c<b$.

si $d=0$ et $e=a$, la formule devient

$$x = \frac{bca}{a(c-b)} \text{ ou } x = \frac{bc}{c-b};$$

cette expression donne le nombre d'heures après lesquelles le réservoir se trouve rempli, dans la supposition où il est vide, et où le robinet et la soupape sont ouverts en même temps.

V. *Exercices.*

241. *Résoudre les équations suivantes :*

1.° $\frac{3x}{5} - \frac{7x}{10} + \frac{3x}{4} = \frac{7x}{8} - 8.$ *Rép.* $x = 35\frac{5}{9}.$

2.° $\frac{x}{2} + \frac{x}{3} - 7x = -\frac{x}{4} - 712 + \frac{x}{5}.$ *Rép.* $x = 116\frac{148}{367}.$

3.° $\frac{3a+x}{x} - 5 = \frac{6}{x}$ *Rép.* $x = \frac{3(a-2)}{4}.$

4.° $\frac{c}{a+bx} = \frac{f}{d+ex}$ *Rép.* $x = \frac{af-cd}{ce-bf}.$

242. PROBLÈME. *Une armée ayant été défaite, le quart est resté sur le champ de bataille, les deux cinquièmes ont été faits prisonniers et 14000 hommes, qui étoient le reste de l'armée, ont pris la fuite. De combien d'hommes l'armée étoit-elle composée avant la bataille?* Rép. $x = 40000$ *hommes.*

243. PROBLÈME. *Trois oncles rassemblés pour l'établissement d'une pauvre nièce, forment une bourse commune de* 1440 *fr. Le premier donne ce qu'il peut ; le deuxième donne trois fois autant que le premier ; le troisième autant que les deux autres ; on demande ce que chacun a fourni.* Rép. *Le premier a donné* 180 *fr., le deuxième* 540 *fr., et le troisième* 720 *fr.*

244. PROBLÈME. *Une personne engage un domestique pour un an et lui promet pour salaire* 144 *fr. et un habit de livrée ; au bout de* 7 *mois, le domestique sort, reçoit pour ses gages* 54 *fr. et garde son habit ; c'étoit précisément ce*

qui lui revenoit : à combien l'habit est-il estimé ? Rép. $x = 72$ *fr.*

245. PROBLÈME. *Une personne, ayant doublé au jeu l'argent qu'elle possédoit, donne* 100 *fr. aux pauvres ; le lendemain, ayant triplé ce qui lui restoit, elle leur donne* 200 *fr. ; le surlendemain, ayant quadruplé ce qui lui restoit, elle leur donne* 300 *fr. ; il lui reste alors la somme qu'elle avoit avant de jouer. Quelle est cette somme ?* Rép. $x = 100$ *fr.*

246. PROBLÈME. *Un homme est sorti de chez lui avec un certain nombre de louis pour faire des emplettes. A la première, il dépense la moitié de ses louis et la moitié d'un ; à la deuxième, il dépense la moitié de ce qui lui reste et la moitié d'un louis ; à la troisième, pareillement ; il rentre chez lui, ayant tout dépensé. Quelle est la dépense totale ?* Rép. $x = 7$ *louis.*

247. PROBLÈME. *Un conseil composé de* a *personnes ayant à choisir entre trois candidats, le premier obtient* b *voix de plus que le second, et le second* c *voix de plus que le troisième. Combien chacun a-t-il eu de voix ?* Rép. *le premier a réuni* $\frac{a + 2b + c}{3}$ *voix ; le second,* $\frac{a - b + c}{3}$ *; le troisième,* $\frac{a - b - 2c}{3}$.

248. PROBLÈME. *Deux frères héritent en même temps l'un de* a *fr. et l'autre de* b *fr. Le premier augmente chaque jour son bien de* c *fr., tandis que le second diminue le sien de* d *fr. ; dans combien de jours le premier sera-t-il* m *fois plus riche que le second ?* Rép. $x = \frac{mb - a}{md + c}$.

249. PROBLÈME. *Un jardinier, ayant planté des arbres en carré plein, a* a *arbres de reste ; il veut alors mettre un arbre de plus à chaque rang, de sorte que la forme carrée ait toujours lieu ; mais pour cela il lui en manque* b. *Combien avoit-il d'abord mis d'arbres à chaque rang ?* Rép. $x = \frac{a + b - 1}{2}$.

CHAPITRE III.

ÉQUATIONS ET PROBLÈMES DU PREMIER DEGRÉ A PLUSIEURS INCONNUES.

250. La résolution des équations du premier degré à plusieurs inconnues, rentrera dans le chapitre précédent, si, en combinant ces équations d'une manière convenable, on parvient à les remplacer par d'autres également du premier degré, mais à une seule inconnue; telle est la question la plus simple de la partie de l'algèbre que l'on appelle *élimination*.

I. *Équations du premier degré à deux inconnues.*

251. *Toute équation à deux inconnues est susceptible d'une infinité de solutions ;* car, en attribuant à l'une des inconnues une valeur quelconque, l'équation fait connoître l'autre inconnue. Ainsi, que, dans l'équation $y = 5x - 3$, on fasse successivement

$$x = 0, \quad x = 1, \quad x = 2, \quad x = 3, \text{ etc.}$$

on obtient

$$y = -3, \quad y = 2, \quad y = 7, \quad y = 12, \text{ etc.}$$

elle est conséquemment vérifiée par

$x = 0$ et $y = -3$, $x = 1$ et $y = 2$, $x = 2$ et $y = 7$, etc.

De là il suit que tout problème qui conduit à une seule équation à deux inconnues est indéterminé.

252. Pour résoudre deux équations du premier degré à deux inconnues, on peut suivre trois procédés d'élimination qui reviennent au même dans le fond, mais qui sont plus ou moins avantageux dans la pratique; ils sont connus sous le nom d'*élimination par comparaison*, *par substitution*, *par addition et soustraction*.

On simplifiera généralement les calculs, si l'on chasse les dénominateurs des équations à résoudre, avant d'y appliquer les méthodes d'élimination.

253. Élimination par comparaison. *On prend dans chacune des équations données la valeur d'une même inconnue, en regardant l'autre comme connue; puis, on égale ces deux valeurs; de là résulte une équation du premier degré à une seule inconnue, qu'il est facile de résoudre. Cela fait, on détermine l'inconnue éliminée, en substituant, dans l'une des expressions qui la représentent, la valeur trouvée pour l'autre inconnue.*

Appliquons d'abord cette règle aux deux équations

$$2x+9y=51, \qquad 7x-6=3y;$$

on tire de la première $x=\frac{51-9y}{2}$ et de la seconde $x=\frac{3y+6}{7}$; égalant ces deux valeurs de x, il vient

$$\frac{51-9y}{2}=\frac{3y+6}{7},$$

équation du premier degré à une seule inconnue y, d'où l'on déduit aisément $y=5$. Substituant 5 à y dans l'expression $x=\frac{51-9y}{2}$, on trouve $x=\frac{51-9.5}{2}$ ou $x=3$. On parvient à la même valeur de x, en faisant la substitution dans l'expression $x=\frac{3y+6}{7}$.

Les équations données sont donc satisfaites par $x=3$ et $y=5$; en mettant 3 et 5 à la place de x et de y, elles deviennent effectivement

$$2.3+9.5=51 \text{ ou } 51=51, \quad 7.3-6=3.5 \text{ ou } 15=15.$$

Prenons en second lieu les équations littérales

$$ax=by, \qquad x+y=c;$$

elles fournissent $x=\frac{b}{a}y, \qquad x=c-y$; d'où

$$\frac{b}{a}y=c-y,$$

équation du premier degré ne renfermant plus que y. On en déduit $y=\frac{ac}{a+b}$, et, à cause de $x=\frac{b}{a}y$, l'on a aussi $x=\frac{b}{a}\cdot\frac{ac}{a+b}$ ou $x=\frac{bc}{a+b}$.

254. Élimination par substitution. *On prend dans l'une des équations données la valeur d'une inconnue, en opérant comme si tout le reste étoit connu, et l'on substitue cette valeur dans l'autre équation; on obtient ainsi une équation du premier degré à une seule inconnue, et, lorsque cette dernière est déterminée, l'autre se trouve par une simple substitution.*

Proposons nous de résoudre les équations

$$\frac{2}{3}x+\frac{3}{4}y=19, \qquad \frac{4}{5}x-\frac{5}{6}y=2;$$

chassant d'abord les dénominateurs, elles deviennent

$$8x+9y=228, \qquad 24x-25y=60.$$

actuellement, on tire de la première $x=\frac{228-9y}{8}$, et si l'on substitue cette valeur dans la seconde, on trouve

$$\frac{24(228-9y)}{8}-25y=60 \text{ ou } 684-27y-25y=60,$$

équation à une seule inconnue, d'où l'on conclut $y=12$; portant cette valeur de y dans l'expression $x=\frac{228-9y}{8}$, on obtient $x=15$.

Donnons-nous encore les équations littérales

$$ax+by=c, \qquad dx=e,$$

dont la seconde ne contient que x. Cette dernière fournit $x=\frac{e}{d}$, et, en substituant dans la première, il en résulte

$$\frac{ae}{d}+by=c, \qquad \text{d'où } y=\frac{cd-ae}{bd}.$$

Ce second procédé s'emploie surtout lorsque, comme dans le deuxième exemple, l'une des équations n'a qu'une inconnue, ou bien encore lorsque l'inconnue à éliminer a pour coefficient l'unité dans l'une des équations proposées.

255. Élimination par addition et soustraction. *On multiplie chacune des équations données par le coefficient qu'à dans l'autre équation l'inconnue que l'on veut éliminer; l'on retranche ou l'on ajoute ensuite les équations obtenues, suivant que les coefficiens de cette inconnue y sont de même signe ou de signes différens; on parvient de cette manière à une équation à une seule inconnue, que l'on peut résoudre par une simple division. Quant à l'autre inconnue, elle peut se déterminer par un procédé semblable ou par substitution.*

Avant de faire des applications, il est important de prévenir que ce procédé ne réussit que dans le cas où les équations proposées ne renferment chacune qu'un seul terme affecté de l'inconnue qu'on veut éliminer. Il faut donc préparer ces équations en conséquence, ce qui, d'ailleurs, n'offre aucune difficulté.

Résolvons maintenant les deux équations

$$7y - 3x = 2y - 10x + 27, \qquad y - 2x = 10 - 2y;$$

en transposant les termes affectés de x et de y dans les premiers membres et les termes connus dans les derniers, elles deviennent

$$5y + 7x = 27, \qquad 3y - 2x = 10; \qquad \text{(a)}$$

multipliant, afin d'éliminer y, la première équation par 3 coefficient de y dans la seconde, et cette dernière par 5, coefficient de y dans la première : il vient

$$15y + 21x = 81, \qquad 15y - 10x = 50;$$

et, en les retranchant membre à membre, parce que les coefficiens de y sont de même signe, on trouve

$$21x + 10x = 81 - 50 \text{ ou } 31x = 31 \text{ d'où } x = 1.$$

Éliminons x par un procédé analogue, et à cet effet, multiplions les équations (a) par 2 et 7, coefficiens de cette inconnue dans la seconde et la première de ces équations; nous aurons

$$10y + 14x = 54, \qquad 21y - 14x = 70;$$

et, en les ajoutant, à raison de ce que les coefficiens de x sont de signes différens,

$$10y + 21y = 54 + 70 \text{ ou } 31y = 124 \text{ d'où } y = 4.$$

Cette troisième méthode d'élimination est, sans contredit, celle qui conduit ordinairement aux calculs les moins compliqués. Elle peut encore être simplifiée dans un grand nombre de cas, comme on le verra dans le numéro suivant.

256. Lorsque les coefficiens de l'inconnue à éliminer ne sont pas premiers entr'eux, *on divise ces deux coefficiens par leur plus grand commun diviseur ; puis, on multiplie la première équation par le second quotient et la seconde par le premier ; on opère ensuite comme on l'a dit précédemment.*

Soient, pour fixer les idées à cet égard, les équations

$$21x - 45y = 10, \qquad 28x + 54y = 13; \qquad (b)$$

si l'on cherche le plus grand commun diviseur entre les coefficiens 45 et 54 de l'inconnue y qu'il s'agit d'éliminer, on trouve 9 pour résultat ; divisant donc 45 et 54 par 9, puis, multipliant la première équation par le second quotient 6 et la seconde par le premier 5, il vient

$$126x - 270y = 60, \qquad 140x + 270y = 65$$

et, en ajoutant ces nouvelles équations,

$$126x + 140x = 60 + 65 \text{ ou } 266x = 125 \text{ d'où } x = \frac{125}{266}.$$

Pour éliminer x, remarquons que 21 et 28, coefficiens de cette inconnue dans les équations (b), divisés par leur plus grand commun diviseur 7, donnent pour quotiens 3 et 4 ; il faut donc multiplier la première par 4 et la seconde par 3, ce qui donne

$$84x - 180y = 40, \qquad 84x + 162y = 39;$$

et, en retranchant,

$$162y + 180y = 39 - 40 \text{ ou } 342y = -1 \text{ d'où } y = -\frac{1}{342}.$$

257. *Deux inconnues ne peuvent satisfaire à plus de deux équations ;* car les valeurs des inconnues x et y, tirées de deux équations données, ne peuvent généralement en vérifier d'autres qui n'ont pas participé à leur détermination. Ainsi, soit donné les trois équations à deux inconnues

$$x+y=10, \qquad x-y=6, \qquad 3x=2y;$$

on tire des deux premières $x=8$, $y=2$; substituons ces valeurs dans la troisième, on trouve $3.8=2.2$ ou $24=4$, équation visiblement absurde. Le système des trois équations proposées est donc *impossible.*

Un pareil système d'équations devient cependant *possible*, lorsque l'une des équations est une conséquence des deux autres ; c'est ce qui arrive dans le suivant

$$x+y=10, \qquad x-y=6, \qquad 5x+y=42,$$

qui est complettement vérifié par $x=8$, $y=2$. Si l'on multiplie les deux premières équations par 3 et par 2 et si l'on ajoute les équations résultantes $3x+3y=30$, $2x-2y=12$, on en déduit la troisième $5x+y=42$.

II. *Équations du premier degré à trois et un plus grand nombre d'inconnues.*

258. *Il faut trois équations pour déterminer trois inconnues.* Car, si l'on en avoit seulement deux, on pourroit prendre arbitrairement l'une des inconnues, et déterminer les deux autres au moyen des équations données ; il y auroit donc une infinité de solutions.

259. Pour résoudre trois équations du premier degré à trois inconnues, *on élimine la même inconnue entre l'une d'elles et chacune des deux autres ; de là résultent deux équations du premier degré à deux inconnues ; on détermine ces dernières, et l'on substitue leurs valeurs dans l'une des équations données, afin d'en déduire la troisième inconnue.*

Soient à résoudre les trois équations

$$2x + 5y - 3z = 10,$$
$$4x - 2y + 5z = 37, \qquad (c)$$
$$7x + 3y - 6z = -6.$$

Éliminons d'abord z entre la première et la deuxième équation ; pour cela, il faut les multiplier respectivement par 5 et par 3, ce qui donne

$$10x + 25y - 15z = 50, \quad 12x - 6y + 15z = 111,$$

et, en ajoutant ces dernières,

$$22x + 19y = 161; \qquad (d)$$

éliminant z par le même procédé entre la première et la troisième des équations données, on trouve

$$3x - 7y = -26. \qquad (e)$$

Or, des équations (d) et (e) qui ne contiennent que x et y, on tire $x = 3$ et $y = 5$, et en substituant ces valeurs dans la première des équations (c), il vient

$$6 + 25 - 3z = 10 \quad \text{d'où } z = 7.$$

Nous ferons ici une remarque importante : si l'on élimine z entre la deuxième et la troisième des équations (c), on obtient

$$59x + 3y = 192; \qquad (f)$$

équation qui, au premier coup-d'œil, paroît former un système impossible (257) avec les équations (d) et (e) ; en réfléchissant, on conçoit aisément que, d'après la formation des équations (d), (e) et (f), l'une d'elles doit être une conséquence des deux autres. En ajoutant les deux premières, après les avoir multipliées par 2 et par 5, on retombe effectivement sur la troisième.

260. En général, pour résoudre m équations du premier degré à m inconnues, *on élimine successivement la même inconnue entre l'une des équations données et les* m — 1 *autres ; de là résultent* m — 1 *équations du premier degré à* m — 1 *inconnues ; éliminant une nouvelle inconnue entre l'une de ces dernières équations et les* m — 2 *autres, on obtient* m — 2 *équations à* m — 2 *inconnues ; et ainsi de*

suite, jusqu'à ce que l'on parvienne à une équation qui ne renferme plus qu'une inconnue. Tirant alors la valeur de cette dernière, on la substitue dans l'une des deux équations qui n'ont que deux inconnues, et on obtient la valeur d'une deuxième inconnue. Substituant de nouveau les valeurs des deux inconnues déterminées, dans l'une des trois équations qui renferment trois inconnues, on trouve la valeur d'une troisième inconnue et ainsi de suite, jusqu'à ce que l'on ait déterminé les m *inconnues.*

Soient, pour exemple, les quatre équations

$$\left.\begin{aligned} 3x+2y-z-u&=0,\\ 2x-y+z+3u&=15,\\ x+5y-7z+u&=20,\\ x-3y-5z-u&=6; \end{aligned}\right\}\quad (g)$$

éliminant d'abord u entre la première et les trois autres, on trouve, en faisant usage du troisième procédé,

$$\left.\begin{aligned} 11x+5y-2z&=15,\\ 4x+7y-8z&=20,\\ 2x+5y+4z&=-6; \end{aligned}\right\}\quad (h)$$

éliminant actuellement z entre la première de ces nouvelles équations et les deux autres, il vient (256)

$$\left.\begin{aligned} 40x+13y&=40,\\ 24x+15y&=24; \end{aligned}\right\}\quad (i)$$

éliminant enfin y entre ces deux dernières, on obtient

$$288x=288 \quad \text{d'où } x=1;$$

substituant $x=1$ dans l'une des équations (i), on trouve $y=0$; substituant $x=1$, $y=0$ dans l'une des équations (h), on trouve $z=-2$; substituant enfin $x=1$, $y=0$, $z=-2$, dans l'une des équations (g), on trouve $u=5$.

261. Lorsque quelques-unes des équations données ne renferment pas à la fois toutes les inconnues, ou bien lorsqu'il existe entre les coefficiens de ces dernières des rapports simples, l'élimination peut se faire quelquefois plus rapidement; les procédés particuliers que l'on emploie alors varient d'après la nature des équations, et ne peuvent s'ac-

quérir que par l'habitude. Voici un exemple qui réunit ces deux cas.

Soient à résoudre les quatre équations

$$x+y+z=a,$$
$$x+y+u=b,$$
$$x+z+u=c,$$
$$y+z+u=d;$$

on obtient, en ajoutant les trois premières,

$$3x+2(y+z+u)=a+b+c;$$

ou bien, en remplaçant $y+z+u$ par d,

$$3x+2d=a+b+c \qquad \text{d'où } x=\frac{a+b+c-2d}{3}.$$

Au moyen de trois opérations tout à fait semblables, on trouve

$$y=\frac{a+b+d-2c}{3},\ z=\frac{a+c+d-2b}{3},\ u=\frac{b+c+d-2a}{3}.$$

III. *Résolution de plusieurs problèmes dont les données sont numériques.*

262. Problème. *Un particulier qui n'a que des pièces de 5 fr. et de 2 fr. veut payer 53 fr. en 16 pièces. Combien doit-il donner de pièces de 5 fr. et de pièces de 2 fr.?*

Soit x le nombre des pièces de 5 fr. et y celui des pièces de 2 fr.; l'énoncé fournit immédiatement

$$x+y=16, \qquad 5x+2y=53;$$

de la première équation, on tire $y=16-x$, et, en substituant cette valeur de y dans la seconde, on trouve

$$5x+2(16-x)=53 \text{ ou } 5x+32-2x=53;$$

d'où l'on déduit aisément $x=7$; portant ce résultat dans l'expression $y=16-x$, on a $y=9$.

Ce particulier doit donc donner 7 pièces de 5 fr. et 9 pièces de 2 fr.

263. Problème. *Deux frères dissipent, l'un les $\frac{3}{7}$ de son bien, et l'autre les $\frac{2}{5}$ du sien. La différence de leurs*

dépenses est 237 fr. et la somme de ce qui leur reste est 2220 fr. Quels étoient leurs biens?

Représentons par x et y les biens cherchés; $\frac{3}{7}x$, $\frac{2}{5}y$ expriment les dépenses des deux frères, et par conséquent $\frac{4}{7}x$, $\frac{3}{5}y$ expriment ce qui leur reste; nous aurons donc

$$\frac{3}{7}x - \frac{2}{5}y = 237,\quad \frac{4}{7}x + \frac{3}{5}y = 2220,$$

et, en chassant les dénominateurs,

$$15x - 14y = 8295,\quad 20x + 21y = 77700.$$

Ajoutant d'abord ces équations, après avoir multiplié (256) la première par 3 et la seconde par 2, il vient

$$85x = 180285 \quad \text{d'où } x = 2121.$$

Retranchons maintenant la première de la seconde (256), après les avoir multipliées respectivement par 4 et par 3, nous aurons

$$119y = 199920 \quad \text{d'où } y = 1680.$$

Le bien du premier étoit donc 2121 fr. et celui du second 1680 fr.

264. Problème. *Plusieurs personnes jouent ensemble et conviennent que l'enjeu sera 1 fr.; le jeu étant terminé, deux joueurs se retirent l'un avec un gain de 39 fr. et l'autre avec une perte de 1 fr.; le premier se rappelle d'avoir gagné 10 parties et le second 2. Combien y avoit-il de joueurs et combien ont-ils joué de parties?*

Soit x le nombre des joueurs et y celui des parties jouées; il est clair que chaque joueur débourse autant de francs que l'on joue de parties, c'est-à-dire y fr., et que celui qui gagne une partie en retire autant de francs qu'il y a de joueurs ou x fr. Celà posé, le gain du joueur qui gagne 10 parties est représenté par $10x - y$ et $y - 2x$ désigne la perte de celui qui n'en a gagné que deux. On a par conséquent

$$10x - y = 39,\qquad y - 2x = 1;$$

équations d'où l'on déduit (253)

$$y = 10x - 39,\quad y = 2x + 1,$$

et par suite

$$10x - 39 = 2x + 1 \text{ d'où } x = 5.$$

Substituant $x = 5$ dans $y = 2x + 1$, on trouve $y = 11$.

Il y avoit donc 5 joueurs et ils ont fait 11 parties. Les valeurs $x = 5$ et $y = 11$ vérifient les équations du problème sans satisfaire à son énoncé; en effet, puisque le premier joueur a gagné 10 parties et le second 2, le nombre des parties jouées ne peut être plus petit que 12 et ne peut conséquemment égaler 11. Ce problème est donc *insoluble.*

Si l'on résout le même problème, en remplaçant les données 39, 1, 10, 2, par celles-ci 43, 5, 7, 3, il devient soluble et l'on trouve $x = 12$, $y = 41$.

265. PROBLÈME. *Le bronze se compose de* $\frac{11}{111}$ *d'étain et de* $\frac{100}{111}$ *de cuivre; le métal de cloche de* $\frac{11}{50}$ *d'étain et de* $\frac{39}{50}$ *de cuivre; le métal de tam-tam de* $\frac{1}{5}$ *d'étain et de* $\frac{4}{5}$ *de cuivre. Dans quelle proportion faut-il allier le bronze et le métal de cloche, pour faire 10 kilog. de tam-tam?*

Désignons par x et y les poids cherchés de bronze et de métal de cloche. Nous aurons d'abord $x + y = 10$; il est d'ailleurs visible que x kil. de bronze, y kil. de métal de cloche, 10 kil. de tam-tam, renferment respectivement $\frac{11x}{111}$, $\frac{11y}{50}$, $\frac{10}{5}$ ou 2 kil. d'étain; de là résulte la seconde équation

$$\frac{11x}{111} + \frac{11y}{50} = 2 \text{ ou } 550x + 1221y = 11100.$$

Résolvant les deux équations précédentes, on trouve $x = 1$ kil., 654, $y = 8$ kil., 346, à un 0,001 près.

266. PROBLÈME. *Un marchand vend:* 1.° 16 *bouteilles de vin de Champagne,* 7 *de vin de Bourgogne et* 10 *de*

vin d'Arbois pour 80 *fr.*; 2.° 8 *bouteilles de vin de Champagne*, 9 *de vin de Bourgogne et* 5 *de vin d'Arbois pour* 51 *fr.*; 3.° 6 *bouteilles de vin de Champagne*, 3 *de vin de Bourgogne et* 2 *de vin d'Arbois pour* 29 *fr. Combien coûte une bouteille de chaque espèce de vin?*

Soient x, y et z les prix respectifs d'une bouteille de vin de Champagne, de vin de Bourgogne et de vin d'Arbois; nous formerons immédiatement les trois équations suivantes :

$$16x + 7y + 10z = 80,$$
$$8x + 9y + 6z = 51,$$
$$6x + 3y + 2z = 29.$$

Pour éliminer z, il suffit de retrancher successivement les deux dernières de la première, après les avoir multipliées par 2 et par 5, ce qui donne

$$-11y = -22, \qquad -14x - 8y = -65;$$

l'une de celles-ci fournit $y = 2$, et, en substituant dans l'autre, on trouve $x = 3,50$. Portant ces valeurs de x et de y dans l'une des équations initiales, on en déduit $z = 1$.

Ainsi, la bouteille de vin de Champagne coûte 3 *fr.* 50; *celle de vin de Bourgogne*, 2 *fr.*; *et celle de vin d'Arbois*, 1 *fr.*

267. Problème. *Le gouverneur d'une place assiégée se trouve à la tête de trois détachemens : l'un de grenadiers, l'autre de voltigeurs et le troisième de fusiliers. Il veut faire une sortie avec un seul détachement, et, pour encourager sa troupe, il promet une récompense de* 2703 *fr.*, *qui sera distribuée sur le pied suivant : chaque homme du détachement qui donnera, recevra* 3 *fr.*, *et ce qui restera de cette somme sera également partagé entre les hommes des deux autres détachemens; or, il arrive que, suivant que les grenadiers, les voltigeurs ou les fusiliers sortent de la place, les soldats des deux autres détachemens re-*

çoivent 1 *fr.*, 1 *fr.* 50 *ou* 0 *fr.* 75. *De combien d'hommes chaque détachement étoit-il composé?*

Si l'on représente par x le nombre des grenadiers, par y celui des voltigeurs et enfin par z celui des fusiliers, les trois conditions du problème, écrites algébriquement, fournissent immédiatement les équations

$$3x+y+z=2703,$$
$$3y+1{,}50.x+1{,}50.z=2703,$$
$$3z+0{,}75.x+0{,}75.y=2703.$$

Multiplions la seconde par $\frac{2}{3}$ et la troisième par $\frac{4}{3}$, afin de chasser les fractions décimales et de simplifier; ce système d'équations devient

$$\begin{aligned} 3x+y+z&=2703,\\ 2y+x+z&=1802, \qquad (j)\\ 4z+x+y&=3604; \end{aligned}$$

éliminant successivement z entre la première et les deux autres, il vient

$$2x-y=901, \qquad 11x+3y=7208;$$

éliminant y entre ces nouvelles équations, on trouve

$$17x=9911 \text{ d'où } x=583,$$

et, substituant cette valeur dans l'une d'elles, $y=265$. Portant enfin $x=583$, $y=265$ dans l'une des équations (j), on en conclut $z=689$.

Il y avoit donc 583 *grenadiers*, 265 *voltigeurs et* 689 *fusiliers.*

IV. *Résolution de plusieurs problèmes dont les données sont algébriques.*

268. Problème. *Un oncle lègue son bien à l'un de ses amis, à condition qu'il donnera* a *fr. à chacun de ses neveux et* b *fr. à chacune de ses nièces; le légataire, pour remplir la volonté du testateur, paie* c *fr.; si l'oncle avoit exigé qu'il donnât* b *fr. à chacun de ses neveux et* a *fr. à*

chacune de ses nièces, le légataire auroit payé d *fr. Combien cet oncle avoit-il de neveux et de nièces?*

Désignons par x le nombre des neveux et par y celui des nièces; les deux conditions du problème fournissent tout de suite

$$ax+by=c, \qquad bx+ay=d. \qquad \text{(k)}$$

ajoutant ces équations 1.° après avoir multiplié la première par a et la seconde par $-b$; 2.° après avoir multiplié la première par $-b$ et la seconde par a; on trouve

$$(a^2-b^2)\,x=ac-bd, \qquad (a^2-b^2)\,y=ad-bc;$$

équations d'où l'on tire

$$x=\frac{ac-bd}{a^2-b^2}, \qquad y=\frac{ad-bc}{a^2-b^2}.$$

Ces formules peuvent se mettre sous une forme très-élégante; pour y parvenir, ajoutons et retranchons les équations (k) membre à membre, il vient

$$(a+b)x+(a+b)y=c+d, \quad (a-b)x-(a-b)y=c-d;$$

et, en divisant la première par $a+b$ et la seconde par $a-b$,

$$x+y=\frac{c+d}{a+b}, \qquad x-y=\frac{c-d}{a-b};$$

or, *connoissant la somme et la différence de deux quantités* (5), *la plus grande s'obtient en ajoutant la demi-somme à la demi-différence, et la plus petite en soustrayant la demi-différence de la demi-somme* : donc

$$x=\frac{1}{2}\frac{c+d}{a+b}+\frac{1}{2}\frac{c-d}{a-b}, \quad y=\frac{1}{2}\frac{c+d}{a+b}-\frac{1}{2}\frac{c-d}{a-b};$$

$x+y$, $x-y$, x, y étant essentiellement des nombres entiers, il faut, pour que le problème soit soluble, que $\frac{c+d}{a+b}$, $\frac{c-d}{a-b}$ soient des nombres entiers, tous deux pairs ou impairs.

Posant $a=200$, $b=250$, $c=2650$, $d=2750$ dans ces dernières formules ou dans celles d'abord obtenues, on trouve $x=7$, $y=5$.

269. Problème. *Une personne, ayant des jetons dans les*

deux mains, en fait passer a *de la main droite dans la gauche et alors il s'en trouve* m *fois plus dans la dernière que dans la première; si cette personne eut fait passer* b *jetons de la main gauche dans la droite, il s'en seroit trouvé dans la main droite* m *fois plus que dans l'autre. Là-dessus, on demande combien il y avoit de jetons dans les deux mains.*

Soit x le nombre des jetons de la main droite et y celui des jetons de la main gauche. Après le premier passage, il y a $x-a$ jetons dans la première main et $y+a$ dans la seconde, et l'on a, en vertu de l'énoncé,

$$m(x-a)=y+a \text{ ou } mx-y=a(m+1); \quad (l)$$

si le second passage avoit lieu, la main droite contiendroit $x+b$ jetons et l'autre $y-b$, et l'on auroit aussi, d'après l'énoncé,

$$m(y-b)=x+b \text{ ou } my-x=b(m+1); \quad (m)$$

ajoutons deux fois les équations (l) et (m) 1.° après avoir multiplié la première par m; 2.° après avoir multiplié la seconde par m; il vient

$$(m^2-1)x=(ma+b)(m+1), (m^2-1)y=(mb+a)(m+1);$$

d'où, en observant que $m^2-1=(m+1)(m-1)$ et en divisant les deux membres de chaque équation par $m+1$,

$$x=\frac{ma+b}{m-1}, \quad y=\frac{mb+a}{m-1},$$

et, en effectuant les divisions,

$$x=a+\frac{a+b}{m-1}, \quad y=b+\frac{a+b}{m-1}.$$

Le problème ne sera soluble que dans le cas où $a+b$ sera exactement divisible par $m-1$.

Si l'on suppose $a=7$, $b=11$, $m=10$ on trouve $x=9$ et $y=13$.

270. Problème. p *livres d'or*, p *livres d'argent*, p *livres d'argent recouvert d'or, pesées dans l'eau, perdent des parties de leurs poids respectivement égales à* a, b, c

livres ; de quelles quantités d'or et d'argent sont composées ces p *livres d'argent doré ?*

Soient x et y ces poids d'or et d'argent ; on a d'abord

$$x + y = p.$$

Maintenant, puisque p livres d'or et p livres d'argent, pesées dans l'eau, y diminuent de a et b livres, il est clair qu'une livre d'or et une livre d'argent y diminueront de $\frac{a}{p}$ et $\frac{b}{p}$ livres, et que par conséquent les x livres d'or et les y livres d'argent, perdront, dans les mêmes circonstances des parties de leurs poids égales à $\frac{ax}{p}$ et $\frac{by}{p}$ livres ; de là résulte l'équation

$$\frac{ax}{p} + \frac{by}{p} = c \text{ ou } ax + by = cp.$$

La résolution des deux équations précédentes conduit aux formules

$$x = \frac{b - c}{b - a} p, \; y = \frac{c - a}{b - a} p.$$

C'est à peu près de cette manière qu'Archimède résolut *le célèbre problème de la couronne de Hiéron, roi de Syracuse.*

L'histoire rapporte que ce dernier, ayant donné 18 livres d'or à un ouvrier pour fabriquer une couronne, soupçonna, lorsqu'elle lui fut apportée, qu'elle n'étoit que d'argent recouvert d'une épaisse feuille d'or ; Archimède, pour s'en convaincre sans l'endommager, pesa dans l'eau cette couronne, 18 livres d'or et 18 livres d'argent, et trouva que leurs poids y diminuoient respectivement de 1 liv. $\frac{1}{3}$, 1 liv. et 1 liv. $\frac{1}{2}$. Pour déduire de ces résultats les quantités d'or et d'argent dont la couronne étoit composée, il suffit de faire dans les formules précédentes $a = 1$, $b = 1\frac{1}{2}$, $c = 1\frac{1}{3}$, et $p = 18$; elles donnent $x = 6$, $y = 12$. *Cette couronne étoit donc composée d'un tiers d'or et de deux tiers d'argent.*

271. PROBLÈME. *Un ouvrier gagne* a *fr. par jour quand il travaille avec sa femme, et* b *fr. quand il travaille avec son fils; quand il se repose, sa femme et son fils, en travaillant ensemble, gagnent* c *fr. par jour; quel est le gain journalier du père, de la femme et du fils?*

Soient x, y, z ces trois gains; nous aurons évidemment

$$x+y=a,\quad x+z=b,\quad y+z=c.$$

L'élimination des inconnues peut se faire ici très-rapidement; il suffit pour cela d'ajouter successivement deux des trois équations et d'en retrancher celle qui reste; on obtient par ce procédé

$$x=\frac{a+b-c}{2},\quad y=\frac{a+c-b}{2},\quad z=\frac{b+c-a}{2}.$$

272. PROBLÈME. *Trois joueurs de force inégale, conviennent que le gagnant recevra des deux autres, savoir:* a *fr. si ce gagnant est le premier joueur,* b *fr. si c'est le second,* c *fr. si c'est le troisième. Après* d *parties, ils sont dans le même cas que s'ils entroient au jeu. Quel est le nombre des parties gagnées par chaque joueur?*

Soient x, y, z, les nombres de parties gagnées par le premier, deuxième et troisième joueur; avec un peu d'attention, on établit, au moyen des conditions du problème, les quatre équations

$$\begin{aligned} &x+y+z=d,\\ &2ax-by-cz=o, \qquad (n)\\ &2by-ax-cz=o,\\ &2cz-ax-by=o; \end{aligned}$$

la dernière n'est qu'une conséquence des deux précédentes, comme on peut s'en assurer en les ajoutant; il n'y a donc réellement que trois équations.

Retranchons successivement la troisième et la quatrième de la deuxième, il vient

$$3ax-3by=o,\qquad 3ax-3cz=o,$$

ou bien

$$ax-by=0, \qquad ax-cz=0;$$

équations d'où l'on tire $y=\frac{a}{b}x$ et $z=\frac{a}{c}x$, et, en substituant dans la première des équations (n), on trouve

$$x+\frac{a}{b}x+\frac{a}{c}x=d \text{ d'où } x=\frac{bcd}{ab+ac+bc};$$

on en déduit aisément

$$y=\frac{acd}{ab+ac+bc}, \qquad z=\frac{abd}{ab+ac+bc}.$$

V. *Exercices.*

273. *Résoudre successivement par les trois procédés d'élimination les deux équations* $12x-35y=4$, $66x+21y=5$. Rép. $x=\frac{37}{366}$, $y=-\frac{34}{427}$.

274. *Résoudre les trois équations*

$$ax-by=c, \qquad ay-bz=c, \qquad az-bx=c.$$

Rép. $x=\frac{c}{a-b}$, $\quad y=\frac{c}{a-b}$, $\quad z=\frac{c}{a-b}$.

275. **Problème.** *On a payé* 9547 *fr. pour la rançon de* 22 *militaires, tant officiers que sous-officiers, à raison de* 750 *fr. par chaque officier et de* 341 *fr. par chaque sous-officier. Combien y avoit-il d'officiers et de sous-officiers?* Rép. *Il y avoit* 5 *officiers et* 17 *sous-officiers.*

276. **Problème.** *Deux joueurs étant d'inégale force, le plus fort joue* 5 *fr. contre* 3 *fr.; après* 13 *parties, le plus foible doit au plus fort* 31 *fr. Combien chacun a-t-il gagné de parties?* Rép. *Le plus fort a gagné* 12 *parties et le plus foible* 1.

277. **Problème.** *Pierre et Paul ont chacun un certain nombre d'écus. Si Pierre donne un de ses écus à Paul, ils en ont autant l'un que l'autre; mais si Paul donne un des*

siens à Pierre, ce dernier en a deux fois plus que lui ; combien Pierre et Paul ont-ils d'écus? **Rép.** *Pierre a 7 écus et Paul 5.*

278. **Problème.** *Un marchand n'a que deux espèces de vin, l'un à 13 sous le litre et l'autre à 7 sous ; comment doit-il les mélanger pour faire 24 litres de vin à 9 sous le litre?* **Rép.** *Ce mélange doit être composé de 8 litres du vin à 13 sous et de 16 litres de celui à 7 sous.*

279. **Problème.** *Une personne ayant placé 522 fr. et 451 fr. à deux taux différens, retire annuellement de la première somme 18 fr. 50 de plus que de la seconde. Si elle eût placé la seconde au même taux que la première et la première au même taux que la seconde, cette dernière lui rapporteroit 10 fr. 69 de plus que l'autre. Quels sont ces deux taux?* **Rép.** *Le premier taux est 7 fr. et le second 4 fr.*

280. **Problème.** *On a trois lingots dans chacun desquels il entre de l'or, de l'argent et du cuivre. L'alliage du premier est tel que, sur 16 onces, il y en a 7 d'or, 8 d'argent et 1 de cuivre. Dans le second, sur 16 onces il y en a 5 d'or, 7 d'argent et 4 de cuivre. Dans le troisième, sur 16 onces, il y en a 2 d'or, 9 d'argent et 5 de cuivre. On demande ce qu'il faut prendre de chacun de ces trois lingots pour en former un quatrième qui, sur 16 onces, contienne 4 onces $\frac{15}{16}$ d'or, 7 $\frac{10}{16}$ d'argent et 3 $\frac{7}{16}$ de cuivre?* **Rép.** *Pour former 16 onces du quatrième lingot, il faut prendre 4 onces du premier, 9 du second et 3 du troisième.*

281. **Problème.** *Une troupe de comédiens donne dans une ville trois représentations, dont les recettes s'élèvent respectivement à 294 fr., 226 fr. 05, 247 fr. 95. A la première représentation, il y avoit 100 personnes aux premières places, 55 aux secondes et 64 au parterre. A la deuxième, 61 personnes aux premières, 70 aux secondes et 43 au parterre ; enfin à la troisième, 30 personnes aux*

premières, 111 *aux secondes et* 81 *au parterre. Quels sont les prix de chaque espèce de place?* Rép. *Ces prix sont* 1 *fr.* 80, 1 *fr.* 20, 0 *fr.* 75.

282. Problème. *Trois personnes jouent ensemble; dans la première partie, le premier joueur perd avec chacun des deux autres autant que chacun avoit d'argent; dans la seconde partie, c'est au second joueur que chacun des deux autres gagne autant qu'ils ont déjà d'argent; dans la troisième partie, le premier et le second joueur gagnent chacun au troisième autant d'argent qu'ils en ont. Ils cessent alors de jouer et se retirent chacun avec* 48 *fr.; combien chacun avoit-il en entrant au jeu?* Rép. *Le premier avoit* 78 *fr., le second* 42 *fr. et le troisième* 24 *fr.*

283. Problème. *Un nombre est tel que la somme des quatre chiffres dont il est composé est* 17; *si l'on supprime successivement le premier, le deuxième et le troisième chiffre à droite, et si l'on retranche les trois nombres ainsi formés du premier, les restes sont* 6358, 6360, 6300. *Quel est ce nombre?* Rép. *Ce nombre est* 7064.

CHAPITRE IV.

DISCUSSION DES PROBLÈMES.

I. *Considérations générales.*

284. Nous avons eu occasion de remarquer, dans les deux chapitres précédens, que les valeurs des inconnues, tirées des équations d'un problème, ne convenoient pas toujours à son énoncé. Pour peu que l'on réfléchisse, on explique aisément cette circonstance; en effet, il est manifeste que les valeurs des inconnues, déduites d'un système quelconque d'équations, ne peuvent généralement vérifier que les conditions qui y sont exprimées; si donc certaines conditions ont été omises ou ne sont pas susceptibles d'être rendues algébriquement, ces valeurs ne pourront y satisfaire et le problème sera insoluble.

Que la nature de la question, par exemple, impose à l'une des inconnues, la condition d'être *positive* ou *entière* ou bien celle d'être *plus grande* ou *plus petite que tel ou tel nombre donné* (235), (237) et (264); aucune de ces conditions ne sauroit être traduite en algèbre et par suite les équations du problème ne sont qu'une expression incomplète de son énoncé; la valeur de cette inconnue, si toutefois les données n'ont pas été préparées, pourra donc être *négative* ou *fractionnaire* ou bien *sortir des limites assignées*, et cette seule circonstance suffira pour rendre la question insoluble.

Les considérations précédentes nous permettent de poser en principe que *les valeurs des inconnues*, *tirées des équations d'un problème*, *ne vérifient généralement que les conditions qui y sont exprimées.*

Les questions qui conduisent à des solutions négatives, méritent surtout d'être examinées avec soin; nous en ferons par conséquent l'objet d'un article particulier, dont tout le reste du chapitre offrira de nombreuses applications.

II. *Sur les solutions négatives.*

285. Nous allons d'abord énoncer le principe relatif aux solutions négatives ; puis, nous le vérifierons par quelques exemples ; enfin, nous en donnerons une démonstration générale.

Lorsque l'une ou quelques-unes des inconnues d'un problème du premier degré ont des valeurs négatives, on peut en conclure que son énoncé est vicieux ; il se présente alors deux cas, suivant que ces inconnues sont ou ne sont pas susceptibles d'être interprétées dans des sens différens :

Dans le premier, il est possible de rectifier l'énoncé, en donnant à ces inconnues des acceptions contraires à celles qu'elles avoient d'abord ; et leurs valeurs primitives, abstraction faite des signes, répondent au nouvel énoncé.

Dans le second, il est impossible de rectifier l'énoncé et la question est tout à fait insoluble.

286. Problème. *Un père a 51 ans et son fils 27, dans combien d'années l'âge du père sera-t-il double de celui du fils ?*

Soit x ce nombre d'années; après ce laps de temps, l'âge du père sera $51+x$ et celui du fils $27+x$, et l'unique condition du problème donnera

$$51+x=2(27+x) \text{ ou } 51+x=54+2x;$$

équation d'où l'on tire $x=-3$. Un certain nombre d'années ne peut être négatif; *cette valeur négative de l'inconnue indique donc un vice dans l'énoncé ;* pour le rectifier, il suffit de prendre l'inconnue dans une acception opposée et de l'établir ainsi : *un père a 51 ans et son fils 27 ;*

combien y a-t-il d'années que l'âge du père étoit double de celui du fils?

Supposons que cette condition ait été remplie il y a x années ; à cette époque le père avoit $51 - x$ ans et le fils $27 - x$, et par conséquent

$$51 - x = 2(27 - x) \text{ ou } 51 - x = 54 - 2x;$$

équation d'où l'on déduit $x = 3$. *Il y a donc 3 ans que l'âge du père étoit double de celui du fils ;* effectivement à cette époque le père avoit 48 ans et le fils 24.

On peut remarquer, conformément à la première partie de notre principe, que *la nouvelle valeur de l'inconnue* $x = 3$ *ne diffère de l'ancienne* $x = -3$ *que par le signe.*

286. PROBLÈME. *Deux joueurs possèdent l'un* a *fr. et l'autre* b *fr. ; quelle somme le premier doit-il gagner au second, pour que leurs biens respectifs soient entr'eux dans le rapport de* m *à* n?

Soit x cette somme ; le bien du premier sera exprimé par $a + x$, celui du second par $b - x$, et nous aurons, en vertu de l'énoncé,

$$a + x : b - x :: m : n,$$

et, en égalant le produit des extrêmes à celui des moyens,

$$n(a + x) = m(b - x) \text{ ou } na + nx = mb - mx;$$

équation d'où l'on conclut $x = \frac{mb - na}{m + n}$. Il se présente ici trois cas, suivant que mb est $>$ ou $=$ ou $<$ na.

1.° Si $mb > na$, la valeur de x est positive et le problème est résolu dans le sens de son énoncé.

2.° Si $mb = na$, $x = o$; ce qui doit être, puisque, de l'hypothèse, on déduit la proportion $a : b :: m : n$.

3.° Si $mb < na$, $mb - na$ est négatif et par suite la valeur de x est aussi négative. *Cette circonstance dénote un vice dans l'énoncé ;* pour le rectifier, il faut prendre l'inconnue en sens contraire, c'est-à-dire, lui faire désigner une perte au lieu d'un gain ; on doit donc alors poser la question de cette manière : *deux joueurs possèdent l'un a fr. et l'autre b fr.; quelle somme le premier doit-il perdre en jouant avec le second, pour que leurs biens respectifs soient entr'eux dans le rapport de m à n.*

En représentant cette perte par x, on aura visiblement

$$a-x:b+x::m:n \quad \text{d'où} \quad na-nx=mb+mx;$$

équation d'où l'on tire $x=\frac{na-mb}{m+n}$; cette valeur de x est positive, puisque $mb<na$ par supposition; *elle est égale, au signe près, à la valeur de x obtenue en premier lieu.*

287. Problème. *A la suite d'une inondation, il est tombé dans un même jour la moitié des maisons d'une ville; il en est tombé le tiers le lendemain, et le quart le surlendemain; il n'en reste plus que 51 sur pied. De combien de maisons cette ville étoit-elle composée avant l'inondation?*

Soit x le nombre des maisons de cette ville avant l'inondation; la moitié, le tiers, le quart de ce nombre sont exprimés par $\frac{x}{2}, \frac{x}{3}, \frac{x}{4}$, et l'on a

$$\frac{x}{2}+\frac{x}{3}+\frac{x}{4}+51=x \qquad \text{d'où} \quad x=-612.$$

La valeur de l'inconnue étant négative, *le problème est mal proposé;* et comme d'ailleurs un certain nombre de maisons ne peut être pris dans une acception opposée, il s'ensuit qu'il est impossible de rectifier l'énoncé; conséquemment la question est *insoluble.*

288. Démonstration. Il n'y a lieu à démontrer que la première partie du principe précédent.

Désignons par x, y, etc., u, v, etc., les inconnues d'une question quelconque du premier degré; supposons que l'on ait obtenu pour les unes des valeurs négatives $x=-a$, $y=-b$, etc., et pour les autres des valeurs positives $u=m$, $v=n$, etc, et que par suite cette question soit insoluble. Je dis qu'en rectifiant l'énoncé de manière que les inconnues x, y, etc., dont les valeurs sont négatives prennent des acceptions opposées, le problème deviendra soluble, et que les valeurs $x=a$, $y=b$, etc., $u=m$, $v=n$, etc., satisferont au nouvel énoncé.

En effet, les équations que l'on obtiendra si l'on résout ce nouveau problème, peuvent se déduire de celles du premier, en y changeant les signes des inconnues dont on change le sens, c'est-à-dire, en y remplaçant x, y, etc., par $-x$, $-y$, etc.; or, posons un instant $-x=x'$, $-y=y'$, etc., et substituant dans le second système d'équations, nous retomberons visiblement sur le premier système, dans lequel cependant les lettres x, y, etc., auront été remplacées par x', y', etc. On retirera donc, par hypothèse, de ces dernières équations

$$x'=-a,\quad y'=-b,\text{ etc.},\quad u=m,\quad v=n,\text{ etc.};$$

ou bien, en substituant $-x$, $-y$, etc., à x', y', etc.

$$-x=-a,\quad -y=-b,\text{ etc.},\quad u=m,\quad v=n,\text{ etc.}$$

d'où

$$x=a,\quad y=b,\text{ etc.},\quad u=m,\quad v=n,\text{ etc.}$$

ce qu'il falloit démontrer.

289. *Tout problème à une seule inconnue peut etre envisagé sous autant de points de vue que l'équation à laquelle il conduit renferme de lettres;* car on peut considérer successivement toutes ces lettres, hors une seule, comme connues, et déterminer celle qui reste au moyen de l'équation. Ainsi, la question du n.° 286, qui a conduit à l'équation $na+nx=mb-mx$, peut être variée de cinq manières, suivant que l'on prend pour inconnue x, a, b, m ou n.

En général, quand un problème conduit à plusieurs équations, on peut regarder comme inconnues un nombre de lettres égal à celui des équations et toutes les autres comme connues.

290. La remarque faite dans le n.° précédent, nous

permet d'appliquer aux quantités connues tout ce qui a été dit relativement aux quantités inconnues; de là cet autre principe :

Lorsqu'un problème a été résolu et que l'on change son énoncé de manière que quelques-unes des données prennent des acceptions contraires à celles qu'elles avoient d'abord, il suffit de changer dans les résultats les signes de ces données.

Appliquons cette règle au problème suivant.

290. PROBLÈME. *Un pêcheur, afin d'encourager son fils, lui promet* a *décimes par chaque coup de filet heureux et* b *décimes par chaque coup infructueux ; après* c *coups, le père doit* d *décimes à son fils. Combien y a-t-il eu de coups heureux et de coups infructueux?*

Soit x le nombre des coups de filet heureux et y celui des coups infructueux ; on a d'abord $x+y=c$. les x coups heureux et les y coups malheureux rapportent respectivement au fils du pêcheur ax et by décimes et par conséquent $ax+by=d$.

On trouve, par la résolution des équations précédentes,

$$x=\frac{d-bc}{a-b}, \qquad y=\frac{ac-d}{a-b}.$$

Le problème ne sera soluble que lorsque ces valeurs seront entières et positives; cette dernière condition exige, dans le cas où a est $>b$, que d soit $>bc$ et $<ac$.

Transformons actuellement l'énoncé de cette sorte : *Un pêcheur, afin d'encourager son fils, s'engage à lui donner* a *décimes par coup de filet heureux, mais aussi à lui retenir* b *décimes par coup infructueux. Après* c *coups, le fils doit à son père* d *décimes ; combien y a-t-il eu de coups heureux et de coups malheureux ?*

Sans qu'il soit besoin de faire de nouveaux calculs, il suffit de changer, dans les formules auxquelles nous venons de parvenir, les signes des quantités b et d qui ont pris des acceptions opposées; remplaçons donc b et d par $-b$ et $-d$, il vient

$$x=\frac{(-d)-(-b)c}{a-(-b)},\qquad y=\frac{ac-(-d)}{a-(-b)},$$

ou

$$x=\frac{bc-d}{a+b},\qquad y=\frac{ac+d}{a+b};$$

c'est aussi à quoi l'on parvient, comme il sera facile de s'en assurer, en résolvant directement la question.

Si d est $>bc$, la valeur de x est négative; celle de y reste positive, mais elle n'en est pas moins inadmissible: en effet, de l'inégalité hypothétique $d>bc$, on déduit aisément $ac+d>ac+bc$ ou $\frac{ac+d}{a+b}>c$, c'est-à-dire $y>c$, ce qui est impossible.

III. *Problèmes des courriers.*

R′ A B R

291. *Deux courriers partent au même instant des points* A *et* B, *distans de* d *lieues; le premier fait* a *lieues dans une heure et le second en fait* b; *à quelles distances des points* A *et* B *se rencontreront-ils et après combien d'heures?*

Nous distinguerons deux cas: celui où les courriers se dirigent dans le même sens, et celui où ils se dirigent en sens contraire. Examinons d'abord le premier.

1.er CAS. Supposons, pour fixer les idées, que les deux courriers se dirigent de gauche à droite, et soit R le point où ils se rencontrent.

Représentons par x et y, les distances AR et BR exprimées en lieues; la figure fournit immédiatement AR − BR = AB ou $x-y=d$.

Le premier courrier faisant a lieues dans une heure mettra autant d'heures pour parcourir x lieues que x contient de fois a, c'est-à-dire $\frac{x}{a}$ heures. Le second courrier, pour parcourir y lieues, mettra de son côté $\frac{y}{b}$ heures. Or, les deux courriers, partant en même temps des points A et B, ont voyagé le même nombre d'heures lorsqu'ils se rencontrent : donc $\frac{x}{a}=\frac{y}{b}$.

Résolvons les deux équations du problème

$$x-y=d, \qquad \frac{x}{a}=\frac{y}{b}; \qquad \text{(a)}$$

on tire de la seconde $x=\frac{a}{b}y$, et, en substituant dans la première, il vient

$$\frac{a}{b}y-y=d \qquad \text{d'où} \qquad y=\frac{bd}{a-b}.$$

Portant cette valeur de y dans l'expression $x=\frac{a}{b}y$, on trouve

$$x=\frac{a}{b}\cdot\frac{bd}{a-b} \qquad \text{ou} \qquad x=\frac{ad}{a-b}.$$

Le nombre d'heures écoulées avant la rencontre étant exprimé par $\frac{x}{a}$, sera $\frac{ad}{a(a-b)}$ ou $\frac{d}{a-b}$.

Substituons, afin de vérifier, les valeurs des inconnues à x et à y dans les équations (a) ; elles deviennent

$$\frac{ad}{a-b}-\frac{bd}{a-b}=d, \qquad \frac{ad}{a(a-b)}=\frac{bd}{b(a-b)};$$

égalités qui se réduisent à celles-ci

$$\frac{a-b}{a-b}d=d \text{ ou } d=d, \qquad \frac{d}{a-b}=\frac{d}{a-b}.$$

Pour faire une application des formules précédentes, posons $d=100$, $a=7$, $b=2$; il en résulte

$$x = \frac{7.100}{7-2} = 140, \qquad y = \frac{2.100}{7-2} = 40;$$

le temps écoulé avant la rencontre est $\frac{100}{7-2}$ ou 20 heures.

Discussion. Trois cas se présentent naturellement dans la discussion des formules $x = \frac{ad}{a-b}$ et $y = \frac{bd}{a-b}$: 1.° $a > b$; 2.° $a = b$; 3.° $a < b$; ou, en d'autres termes, le premier courrier va plus vîte que le second ou aussi vîte ou moins vîte.

1.° $a > b$. Le dénominateur $a - b$ étant positif en vertu de l'hypothèse, les valeurs de x et de y seront aussi positives, et *le problème sera résolu dans le sens de son énoncé.* On conçoit en effet que la vîtesse du premier courrier étant plus grande que celle du second, la distance qui les sépare décroît à mesure que le temps s'écoule et qu'enfin elle doit finir par s'annuller.

Si $d = 0$, les formules deviennent $x = 0$, $y = 0$. Les courriers se rencontrent donc au point de départ qui leur est commun, ce qui d'ailleurs est évident.

2.° $a = b$. Les formules fournissent $x = \frac{ad}{0}$, $y = \frac{bd}{0}$; pour interpréter ces résultats, remarquons que les fractions $\frac{ad}{a-b}$ et $\frac{bd}{a-b}$ qui expriment les distances du point de rencontre aux points de départ, acquièrent des valeurs de plus en plus grandes, à mesure que la différence $a - b$ des vîtesses des deux courriers diminue et converge vers zéro. Enfin, lorsque $a - b = 0$, ou, ce qui revient au même, lorsque $a = b$, ces valeurs surpassent toute quantité assignable et deviennent *infinies* (82). Les expressions $x = \infty$, $y = \infty$ indiquent que les courriers se rencontrent après avoir parcouru des espaces infinis, ou mieux, qu'ils ne peuvent jamais se rencontrer. Le problème est donc *impossible.* Il est visible en effet, que les deux courriers allant dans le même sens et également vîte, conservent toujours entr'eux leur distance initiale et ne peuvent se joindre. Ils sont absolument dans le même cas que la grande et la petite roue d'une voiture en mouvement.

Dans l'hypothèse actuelle, la seconde équation du problème devient $\frac{x}{a} = \frac{y}{a}$ ou $x - y = 0$, équation évidemment *contradictoire* avec la première $x - y = d$, puisqu'il y a égalité entre les premiers membres et inégalité entre les derniers.

Supposons maintenant que l'on ait à la fois $a = b$ et $d = 0$; les formules

$$x = \frac{ad}{a - b}, \quad y = \frac{bd}{a - b} \text{ donnent } x = \frac{0}{0}, \quad y = \frac{0}{0};$$

or, *le quotient de zéro divisé par zéro est un nombre arbitraire*, car, en faisant le produit de ce nombre par le diviseur zéro, on retrouve le dividende zéro (64). Les courriers se rencontrant après avoir parcouru des espaces quelconques, se trouvent toujours ensemble et par conséquent le problème est *indéterminé* ; il est d'ailleurs manifeste que cela doit être ainsi, puisqu'ils partent au même instant du même point et qu'ils se dirigent dans le même sens avec des vîtesses égales.

En vertu des deux suppositions précédentes, les deux équations du problème $x - y = d$ et $\frac{x}{a} = \frac{y}{b}$ *rentrent l'une dans l'autre*, car elles se changent en

$$x - y = 0 \quad \text{et} \quad \frac{x}{a} = \frac{y}{a} \text{ ou } x - y = 0.$$

3.° $a < b$. Le dénominateur $a - b$ étant négatif, les valeurs de x et de y sont aussi *négatives* et *cette circonstance indique un vice dans l'énoncé;* les courriers ne sauroient effectivement se rencontrer, puisque le premier marchant plus vîte que le second, leur distance respective croît à chaque instant au lieu de diminuer.

Pour rectifier l'énoncé, il suffit de supposer que les courriers se dirigent de droite à gauche, de sorte que le courrier dont la vîtesse est la plus grande court après celui dont la vîtesse est la plus petite, et que la rencontre ait lieu en un certain point R'.

Afin d'obtenir les formules relatives à cette hypothèse, il faut, dans les expressions $x=\frac{ad}{a-b}$ et $y=\frac{bd}{a-b}$, changer les signes des quantités a, b, x, y, qui prennent des acceptions opposées; on trouve par ce moyen

$$-x=\frac{-ad}{-a+b},\qquad -y=\frac{-bd}{-a+b},$$

ou, en changeant les signes des deux membres de chaque équation et écrivant les termes positifs des dénominateurs les premiers,

$$x=\frac{ad}{b-a},\qquad y=\frac{bd}{b-a}.$$

2.e Cas. Imaginons actuellement que les courriers se dirigent en sens contraire; savoir, le premier de A en B et le second de B en A; il sera inutile, d'après les principes établis, de remettre le problème en équation; il suffira de remplacer dans les formules du premier cas les quantités b et y qui changent de sens par $-b$ et $-y$, ce qui donnera

$$x=\frac{ad}{a+b},\qquad -y=\frac{-bd}{a+b}\qquad \text{ou } y=\frac{bd}{a+b}.$$

Le temps écoulé avant la rencontre est

$$\frac{d}{a-(-b)}\qquad \text{ou}\qquad \frac{d}{a+b}.$$

Les valeurs des inconnues étant positives, quel que soit le rapport des vîtesses a et b, les courriers se rencontreront essentiellement et le problème sera toujours *déterminé*.

Si $a=b$, ces formules prennent la forme

$$x=\frac{ad}{2a}=\frac{d}{2},\qquad y=\frac{ad}{2a}=\frac{d}{2};$$

ce qui indique que le point de rencontre est le milieu de la droite A B.

Posant $d=60$, $a=7$, $b=5$, dans les formules relatives au deuxième cas, on trouve que $x=35$ lieues et $y=25$, et qu'il s'écoule 5 heures avant la rencontre.

Énoncés de quelques questions relatives au problème des courriers.

292. Problème. *Un lévrier poursuit un lièvre qui a sur lui une avance de* d *pas ; le lévrier fait* m *sauts tandis que le lièvre fait* n *pas et* p *sauts égalent* q *pas. Combien le premier fera-t-il de sauts avant d'atteindre le second et combien ce dernier fera-t-il de pas avant d'être atteint ?*

Rép. Le lévrier et le lièvre feront

l'un $\frac{mpd}{mq-np}$ sauts, l'autre $\frac{npd}{mq-np}$ pas.

293. Problème. *Les aiguilles d'une montre marquent midi : à quelles heures coïncideront-elles ?*

Rép. Elles coïncideront à 1 heure $\frac{1}{11}$, 2 heures $\frac{2}{11}$, 3 heures $\frac{3}{11}$ .... 12 heures.

294. Problème. *A quelles heures les aiguilles d'une montre sont-elles directement opposées ?*

Rép. Elles sont directement opposées à $\frac{6}{11}$ heures, 1 heure $\frac{7}{11}$, 2 heures $\frac{8}{11}$, 3 heures $\frac{9}{11}$..... 12 heures $\frac{6}{11}$.

IV. *Autre problème.*

295. *Un bâton est en partie plongé dans l'eau et en partie hors de l'eau. Si on le retire de* a *pieds, la partie dans l'eau est à la partie hors de l'eau comme* m : n. *Si on*

l'avoit seulement retiré de b *pieds, la première partie auroit été à la seconde dans le rapport de* p *à* q. *On demande la longueur du bâton?*

Soit x la partie du bâton plongée dans l'eau et y celle hors de l'eau ; suivant que l'on retire le bâton de a ou de b pieds, les parties dans l'eau et hors de l'eau deviennent $x-a$ et $y+a$ ou $x-b$ et $y+b$, et les deux conditions du problème fournissent

$$x-a:y+a::m:n, \quad x-b:y+b::p:q; \quad \text{(c)}$$

proportions d'où l'on tire

$$nx-na=my+ma, \quad qx-qb=py+pb;$$

ou, en préparant ces équations,

$$nx-my=(m+n)a, \quad qx-py=(p+q)b.$$

Afin d'éliminer y, retranchons ces équations, après avoir multiplié la première par p et la seconde par m; nous aurons, en dégageant x de son coefficient,

$$x=\frac{(m+n)pa-(p+q)mb}{np-mq}.$$

Si l'on détermine y par un procédé semblable, on trouve

$$y=\frac{(m+n)qa-(p+q)nb}{np-mq}.$$

Actuellement, pour avoir l'expression de la longueur du bâton, ajoutons ses deux parties x et y, et, afin de simplifier, réunissons les termes affectés de $m+n$ et de $p+q$; il vient

$$x+y=\frac{(m+n)(p+q)a-(p+q)(m+n)b}{np-mq}$$

ou bien

$$x+y=\frac{(m+n)(p+q)(a-b)}{np-mq}.$$

Discussion. Le numérateur de cette formule est toujours positif en vertu de l'hypothèse $a>b$; mais le dénominateur peut être positif, nul ou négatif.

1.° Si $np>mq$, la valeur de x est positive et le problème *déterminé.*

2.° Si $np = mq$ ou $np - mq = 0$, on a $x + y = \infty$ et le problème est *impossible*. Afin de faire apercevoir la contradiction qui existe entre les conditions de l'énoncé, remarquons que de $np = mq$ on tire $p : q :: m : n$, et qu'en comparant cette proportion aux proportions (c), on en déduit celle-ci, $x - a : y + a :: x - b : y + b$, qui est fausse puisque le premier terme $x - a$ est plus petit que le troisième $x - b$ et que le second $y + a$ est plus grand que le dernier $y + b$.

Si l'on a à la fois $np = mq$ et $a = b$, la valeur de $x + y$ prend la forme $\frac{0}{0}$ et la question devient *indéterminée*. Les deux conditions qu'elle fournit sont en effet identiques, car en substituant a à b et le rapport $p : q$ à son égal $m : n$, la seconde des proportions (c) reproduit la première.

3.° Si $np < mq$, la valeur de $x + y$ devient négative et par suite le problème *insoluble*. Pour mettre en évidence le défaut de l'énoncé, observons que l'inégalité $np < mq$ peut se mettre sous la forme $p : q < m : n$ et que de là résulte, à cause des proportions (c), $x - b : y + b < x - a : y + a$, ce qui est impossible en tant que a est $> b$.

V. *Problème sur les alliages.*

296. *Un fondeur possède* a *kilogrammes d'étain à* m *fr. le kilo et* b *kilo de cuivre à* n *fr.; il forme avec le tout deux alliages dont l'un vaut* p *fr. le kilo et l'autre* q *fr.; on demande les poids des deux alliages et les quantités d'étain et de cuivre dont chacun d'eux est composé?*

Représentons par x le poids du premier alliage et par y celui du second; la somme des poids x et y des deux alliages doit être égale à celle des poids a et b des métaux dont ils sont composés; donc $x + y = a + b$.

Les x kil. de l'alliage à p fr. le kil. valent px fr. et les y kil. à q fr. valent qy fr.; en ajoutant ces deux quantités, on doit trouver le même résultat qu'en prenant la somme des a kil. d'étain à m fr. et des b kil. de cuivre à n fr. De là résulte $px+qy=ma+nb$.

Afin de simplifier cette dernière équation, appelons l le prix d'un kilo de l'alliage formé avec les a kil. d'étain et les b kil. de cuivre; nous aurons évidemment $l=\frac{ma+nb}{a+b}$ d'où $ma+nb=l(a+b)$; ce qui ramène cette équation à celle-ci $px+qy=l(a+b)$.

Si l'on résout les équations

$$x+y=a+b;\qquad px+qy=l(a+b), \quad \text{(d)}$$

on trouve

$$x=\frac{l-q}{p-q}(a+b),\qquad y=\frac{p-l}{p-q}(a+b). \quad \text{(e)}$$

Soient maintenant s kil. et t kil. les poids de l'étain et du cuivre qui entrent dans le premier alliage dont le poids x vient d'être déterminé; soient aussi u kil. et v kil. les choses analogues pour le deuxième alliage dont le poids est y; nous aurons

$$\begin{cases} s+t=x, \\ ms+nt=px; \end{cases}\qquad \begin{cases} u+v=y \\ mu+nv=qy \end{cases}$$

équations d'où l'on tire

$$\begin{cases} s=\dfrac{p-n}{m-n}x, \\[2ex] t=\dfrac{m-p}{m-n}x; \end{cases}\qquad \begin{cases} u=\dfrac{q-n}{m-n}y, \\[2ex] v=\dfrac{m-q}{m-n}y; \end{cases}\qquad \text{(f)}$$

ou, en substituant à x et y leurs valeurs,

$$\begin{cases} s=\dfrac{(p-n)(l-q)}{(m-n)(p-q)}(a+b), \\[2ex] t=\dfrac{(m-p)(l-q)}{(m-n)(p-q)}(a+b); \end{cases}\qquad \begin{cases} u=\dfrac{(q-n)(p-l)}{(m-n)(p-q)}(a+b), \\[2ex] v=\dfrac{(m-q)(p-l)}{(m-n)(p-q)}(a+b); \end{cases}$$

Discussion. Commençons par les formules (e) dans lesquelles il est permis de faire, $p>q$ puique cela revient à supposer que l'alliage énoncé le premier est le plus cher.

Le problème ne sera soluble que dans le cas où les valeurs de x et de y seront positives; il faut pour cela que l'on ait $l-q>0$ et $p-l>0$, c'est-à-dire, que l soit compris entre p et q.

Si $l=p$; $x=a+b$ et $y=0$.

Si $l=q$; $x=0$ et $y=a+b$.

Résultats qu'il étoit facile de prévoir.

Supposons maintenant $p=q$; on a dans cette hypothèse

$$x=\frac{l-p}{p-p}(a+b), y=\frac{p-l}{p-p}(a+b), \text{ ou } x=\infty, y=\infty.$$

Le problème est donc *impossible*. La dernière des équations (d) devient en effet $px+py=l(a+b)$ ou $x+y=\frac{l}{p}(a+b)$, équation *incompatible* avec la première $x+y=a+b$, à moins que l'on ait $l=p$, auquel cas *elles rentrent l'une dans l'autre*. Dans cette dernière supposition les valeurs des inconnues se présentent sous la forme $\frac{0}{0}$ et la question est *indéterminée*.

Considérons actuellement les quatre formules (f) dans lesquelles nous supposerons x et y positifs ou autrement l compris entre p et q. Nous pourrons aussi y regarder m comme plus grand que n, puisque l'étain est plus cher que le cuivre.

Les valeurs de s, t, u, v, ne seront positives que dans le cas de $p-n>0$, $m-p>0$, $q-n>0$, $m-q>0$ ce qui exige que les nombres p et q soient compris entre m et n. On peut donc dire que *le problème sera possible et déterminé toutes les fois que* p *et* q *seront compris entre* m *et* n *et comprendront* l *ou* $\frac{ma+nb}{a+b}$.

Examinons quelques cas particuliers.

Si $p=m$, $s=\frac{m-n}{m-n}x$, $t=\frac{m-m}{m-n}x$ ou $s=x$, $t=0$;

Si $q=n$, $u=\frac{n-n}{m-n}y$, $v=\frac{m-n}{m-n}y$; ou $u=0$, $v=y$.

Dans la première supposition, le premier alliage ne contient pas de cuivre, et dans la seconde, le deuxième alliage ne contient pas d'étain.

Si $m=n$; s, t, u, v deviennent infinis et la question est *impossible*.

Enfin, si $m=n=p=q$; les valeurs des inconnues sont de la forme $\frac{0}{0}$ et il y a *indétermination*.

CHAPITRE V.

DISCUSSION GÉNÉRALE DES ÉQUATIONS DU PREMIER DEGRÉ.

297. Nous allons envisager les équations du premier degré sous un point de vue tout à fait général et discuter les formules auxquelles nous parviendrons, indépendamment de toute question particulière. Ce chapitre sera donc, à proprement parler, une généralisation des trois précédens.

I. *Discussion des équations à une seule inconnue.*

298. *Toute équation du premier degré à une seule inconnue est de la forme* $ax=b$, a *et* b *désignant des nombres entiers positifs ou négatifs.* Car, après avoir chassé les dénominateurs d'une telle équation, puis transposé dans le premier membre tous les termes affectés de l'inconnue et dans le second tous les termes connus, si l'on désigne par a la somme des coefficiens de x et par b celle des termes du second membre, elle prend la forme $ax=b$.

299. Problème. *Résoudre l'équation générale* $ax=b$; il suffit pour cela de diviser les deux membres par a, ce qui donne $x=\frac{b}{a}$.

300. Formation de la formule $x=\frac{b}{a}$. *Le dénominateur n'est autre chose que le coefficient de l'inconnue dans l'équation, et le numérateur se déduit du dénominateur en y remplaçant ce coefficient par le terme tout connu.* Cette remarque, faite isolément, est insignifiante; mais elle mérite d'être retenue à cause de ce qui doit suivre.

301. *Toute équation du premier degré à une seule inconnue n'a généralement qu'une seule solution.* Supposons que l'équation $ax = b$ ait deux solutions et soit vérifiée par $x = x'$ et $x = x''$; on aura $ax' = b$, $ax'' = b$, et en retranchant, $a(x' - x'') = 0$; or, un produit de deux facteurs ne peut être nul à moins que l'un d'eux ne soit nul, et comme ici on ne peut avoir généralement $a = 0$, il faut que $x' - x'' = 0$ d'où $x' = x''$. *Donc toute équation*, etc.

302. Discussion de la formule $x = \frac{b}{a}$. Il faut distinguer trois cas: 1.° a n'est pas nul; 2.° $a = 0$; 3.° $a = 0$ et $b = 0$.

1.er Cas. Si a n'est pas nul, la valeur de l'inconnue est *finie;* positive ou négative, selon que a et b sont de même signe ou de signes différens. Si $b = 0$, $x = \frac{0}{a}$ ou $x = 0$. Dans ce premier cas, l'équation $ax = b$ est *proprement dite*, puisqu'elle ne peut être vérifiée que par une seule valeur de x.

2.e Cas. Si $a = 0$, on a $x = \frac{b}{0}$ ou $x = \infty$; la valeur de l'inconnue est donc *infinie*. L'équation $0x = b$, qui résulte de cette supposition, est visiblement *impossible;* car, quelque soit le nombre substitué à x, le premier membre, dont la valeur est zéro, ne peut être égal au second qui est un nombre déterminé.

Il est à remarquer que de l'équation $0x = b$ on retire $0 = \frac{b}{x}$; à mesure que x croît, le second membre $\frac{b}{x}$ décroît, et il est toujours possible d'attribuer à x une valeur tellement grande que cette fraction devienne plus petite qu'une quantité donnée; mais l'équation $0x = b$ n'est complétement satisfaite que lorsque la valeur de x surpasse toute quantité imaginable, auquel cas l'on a $0 = \frac{b}{\infty}$ ou $0 = 0$.

L'équation $ox=b$ n'est donc pas résoluble en nombres finis.

3.e Cas. Si $a=o$ et $b=o$, la formule $x=\frac{b}{a}$ donne $x=\frac{o}{o}$; la valeur de l'inconnue est *indéterminée;* l'équation $ax=b$, devenant en même temps $ox=o$, est *identique*, car elle est vérifiée, n'importe le nombre substitué à x.

On peut conclure de cette discussion que *suivant que la valeur de* x *est finie, infinie ou indéterminée, l'équation* ax$=$*b est proprement dite, impossible ou identique.*

303. *Réciproquement, suivant que l'équation* ax $=$ b *est proprement dite, impossible ou identique, la valeur de* x *est finie, infinie ou indéterminée.* Car, dans ces trois suppositions, cette équation prend les formes suivantes,

$$ax=b,\qquad ox=b,\qquad ox=o,$$

et l'on en retire

$$x=\frac{b}{a},\qquad x=\frac{b}{o},\qquad x=\frac{o}{o}.$$

304. *L'expression $\frac{o}{o}$ n'est pas toujours le symbole de l'indétermination; elle peut, à la suite d'une hypothèse, prendre une valeur finie ou indiquer une impossibilité.*

Considérons d'abord l'équation

$$ax+b^2=bx+a^2 \quad \text{d'où} \quad x=\frac{a^2-b^2}{a-b}.$$

Supposons, dans la valeur de l'inconnue, $a=b$; elle deviendra

$$x=\frac{a^2-a^2}{a-a} \qquad \text{ou} \qquad x=\frac{o}{o};$$

dans cette hypothèse la valeur de x est cependant *finie;* en effet, avant de faire $a=b$, remarquons que l'expression précédente peut s'écrire ainsi (46)

$$x=\frac{(a-b)(a+b)}{a-b} \qquad \text{ou} \qquad x=a+b,$$

après en avoir divisé les deux termes par $a-b$. Faisant alors $a=b$, elle devient $x=a+a$ ou $x=2a$; donc $\frac{0}{0}=2a$.

Considérons encore l'équation

$$a^2x+b^2x+b^3=2abx+a^3 \quad \text{d'où } x=\frac{a^3-b^3}{a^2+b^2-2ab};$$

posons dans ce résultat $a=b$, nous obtiendrons

$$x=\frac{a^3-a^3}{a^2+a^2-2a^2} \quad \text{ou} \quad x=\frac{0}{0};$$

je dis cependant que la valeur de x est *infinie*. En effet, en vertu des numéros 46 et 77 et avant de faire $a=b$, notre résultat peut se mettre sous la forme

$$x=\frac{(a-b)(a^2+ab+b^2)}{(a-b)^2} \quad \text{ou} \quad x=\frac{a^2+ab+b^2}{a-b}.$$

Et, si alors on fait $a=b$, il donne

$$x=\frac{a^2+a^2+a^2}{0} \quad \text{ou} \quad x=\frac{3a^2}{0};$$

dans ce cas particulier, on a donc $\frac{0}{0}=\infty$.

II. *Discussion des équations à deux inconnues.*

305. *Toute équation du premier degré à deux inconnues est de la forme* ax + by = c ; a, b, c, *étant des nombres entiers positifs ou négatifs.* En effet, après en avoir chassé les dénominateurs, on peut transposer dans le premier membre les termes affectés des inconnues et dans le second membre les termes connus; désignant alors par a la somme des coefficiens de x, par b la somme de ceux de y et enfin par c la somme des termes connus, cette équation prendra la forme annoncée.

306. **Problème.** *Résoudre les deux équations générales*

$$ax+by=c, \qquad a'x+b'y=c'. \qquad \text{(a)}$$

Nous emploierons de préférence le procédé d'élimination

par addition et soustraction. Chassons d'abord y, et à cet effet, multiplions la première équation par b', coefficient de y dans la seconde, et la seconde par b, coefficient de y dans la première; nous aurons

$$ab'x + bb'y = cb', \qquad ba'x + bb'y = bc'$$

et, en retranchant ces nouvelles équations,

$$(ab' - ba')x = cb' - bc' \quad \text{(b)} \quad \text{d'où } x = \frac{cb' - bc'}{ab' - ba'}. \quad \text{(c)}$$

Soustrayant maintenant la première des équations (a) de la seconde, après les avoir multipliées par a' et par a; il vient

$$(ab' - ba')y = ac' - ca' \quad \text{(d)} \quad \text{d'où } y = \frac{ac' - ca'}{ab' - ba'}. \quad \text{(c)}$$

La valeur de y auroit pu se déduire de celle de x d'une manière fort simple. Remarquons pour cela que *les équations* (a) *ne changent pas, lorsque, sans toucher aux accens on remplace* a *par* b, x *par* y *et réciproquement.* La formule (c) qui en est une conséquence jouit de la même propriété; elle devient, moyennant les mutations indiquées,

$$y = \frac{ca' - ac'}{ba' - ab'} \qquad \text{ou bien} \qquad y = \frac{ac' - ca'}{ab' - ba'},$$

en multipliant le numérateur et le dénominateur par -1 et en écrivant les termes positifs les premiers.

Les formules (c) et (e) vérifient les équations (a), car, comme on pourra s'en convaincre, on trouve, après la substitution, $c = c$ et $c' = c'$.

Appliquons cette théorie à la résolution des équations

$$3x - 2y = -5, \qquad 7x + y = 0;$$

afin de les identifier aux équations (a), posons $a = 3$, $b = -2$, $c = -5$, $a' = 7$, $b' = 1$, $c' = 0$; et substituons dans les formules (c) et (e); nous trouverons

$$x = \frac{(-5)\times 1 - (-2)\times 0}{3\times 1 - (-2)\times 7} = \frac{-5\times 1}{3\times 1 + 2\times 7} = -\frac{5}{17}.$$

$$y = \frac{3\times 0 - (-5)\times 7}{3\times 1 - (-2)\times 7} = \frac{5\times 7}{3\times 1 + 2\times 7} = \frac{35}{17} = 2\,\frac{1}{17}.$$

C'est ce que l'on obtient, en résolvant ces équations directement.

307. Formation des formules (c) et (e). En les examinant avec attention, on découvre la loi suivante, qui servira à se les rappeler.

Pour former le dénominateur commun aux valeurs des deux inconnues, on permute de toutes les manières possibles les coefficiens a *et* b *de* x *et de* y *dans la première équation, ce qui donne* ab *et* ba; *on affecte les secondes lettres d'un accent et on sépare les deux permutations par le signe* —: *de là résulte le dénominateur* $ab' - ba'$.

Pour former le numérateur de chaque inconnue, on remplace, dans ce dénominateur, le coefficient de cette inconnue par le terme tout connu de la première équation, en ayant le soin de ne pas déplacer les accens. Ainsi, $ab' - ba'$ *devient* $cb' - bc'$ *pour la valeur de* x *et* $ac' - ca'$ *pour celle de* y.

308. *Deux équations du premier degré à deux inconnues n'ont généralement qu'une seule solution.* En effet, par l'élimination successive de y et de x, les deux équations (a) du n.° 306, se ramènent aux équations (b) et (d) qui ne renferment chacune qu'une inconnue; de sorte que les valeurs de x et de y qui satisfont aux deux premières, vérifient aussi les deux dernières et réciproquement; or, les dernières ne peuvent être résolues que par une seule valeur de x et de y (301); donc aussi *deux équations*, etc.

309. Discussion des formules (c) et (e). Nous distinguerons trois cas; 1.° $ab' - ba'$ n'est pas nul; 2.° $ab' - ba' = 0$; 3.° $ab' - ba' = 0$ et $cb' - bc' = 0$.

1.er Cas. Si $ab' - ba'$ n'est pas nul, les valeurs de x et y sont *finies* et *déterminées*. Elles peuvent d'ailleurs être positives ou négatives, entières ou fractionnaires; nous dirons, pour exprimer cette circonstance, que les équations (a) sont *déterminées*, c'est-à-dire, *susceptibles d'être résolues par un seul couple de valeurs finies de x et de y.*

2.° CAS. Si $ab' - ba' = 0$, les formules (c) et (e) donnent

$$x = \frac{cb' - bc'}{0}, \qquad y = \frac{ac' - ca'}{0},$$

et les inconnues se présentent sous *formes infinies;* je dis dans ce cas que les équations (*a*) sont *incompatibles*, ou autrement *qu'elles ne peuvent être verifiées par aucun couple de valeurs finies de x et de y*. En effet, de l'équation de condition $ab' - ba' = 0$, on tire $a' = \frac{ab'}{b}$, et en substituant dans l'équation $a'x + b'y = c'$, on trouve

$$\frac{ab'}{b} x + b'y = c' \quad \text{ou bien}, \quad ax + by = \frac{bc'}{b'},$$

après avoir multiplié par b et divisé par b'; or, cette dernière équation est visiblement contradictoire avec celle-ci

$$ax + by = c,$$

puisque les premiers membres sont identiques et les seconds différens, en vertu de l'inégalité hypothétique $cb' - bc' >$ ou < 0, d'où l'on déduit $cb' >$ ou $< bc'$ et par suite $c >$ ou $< \frac{bc'}{b'}$.

3.° CAS. Si $ab' - ba' = 0$ et $cb' - bc' = 0$, la formule (c) fournit $x = \frac{0}{0}$; les équations (a) deviennent alors *indéterminées*, ou, ce qui est la même chose, *elles peuvent être satisfaites par une infinité de couples de valeurs finies de x et de y*. Cette assertion sera démontrée, si l'on fait voir que la seconde est une conséquence de la première, car il n'y aura plus qu'une seule équation pour déterminer deux inconnues (257). Tirant à cet effet les valeurs de a' et de c' dans les égalités de condition $ab' - ba' = 0$, $cb' - bc' = 0$, on trouve $a' = \frac{ab'}{b}$, $c' = \frac{cb'}{b}$, et, en substituant dans $a'x + b'y = c'$, il vient

$$\frac{ab'}{b} x + b'y = \frac{cb'}{b} \quad \text{ou bien}, \quad ax + by = c,$$

après avoir multiplié par b et divisé par b'.

Les équations conditionnelles $ab' - ba' = 0$, $cb' - bc' = 0$, fournissent $b' = \frac{ba'}{a}$, $b' = \frac{bc'}{c}$, et, en égalant ces deux valeurs de b',

$$\frac{bc'}{c} = \frac{ba'}{a} \text{ d'où } abc' - bca' = 0 \text{ et } b(ac' - ca') = 0;$$

la relation $ac' - ca' = 0$ est donc une conséquence essentielle des deux précédentes, excepté toutefois dans le cas particulier de $b = 0$. De là il suit que *si l'une des inconnues x et y est de la forme $\frac{0}{0}$, l'autre sera généralement de la même forme.*

Examinons actuellement le cas de $b = 0$, dans lequel

$$x = \frac{0}{0}, \quad y = \frac{ac' - ca'}{0} \quad \text{ou} \quad y = \infty;$$

les relations $ab' - ba' = 0$, $cb' - bc' = 0$, se changent en $ab' = 0$, $cb' = 0$, et pour y satisfaire, de manière que le numérateur de y ne devienne pas nul, il faut poser $b' = 0$. Les équations (a) prennent alors la forme

$$ax + 0.y = c, \quad ax + 0.y = c' \quad \text{d'où} \quad x = \frac{c}{a}, \ x = \frac{c'}{a'},$$

et sont généralement *incompatibles*. Si toutefois l'on avoit $\frac{c'}{a'} = \frac{c}{a}$ ou $ac' - ca' = 0$, la valeur de x seroit *déterminée* et celle de y *indéterminée;* mais dans ce cas les deux inconnues se présenteront sous la forme $\frac{0}{0}$.

On peut conclure de la dernière partie de cette discussion, comme on l'a déjà indiqué dans le n.° 302, que *l'expression $\frac{0}{0}$ peut, dans certain cas, prendre une valeur finie ou indiquer une impossibilité.*

Les *réciproques* des trois cas précédens sont faciles à établir.

1.° *Si les équations* (a) *sont déterminées, les valeurs des inconnues x et y sont finies.* Car, s'il en arrivoit autrement, ces valeurs ne pourroient se présenter que sous la forme $\frac{A}{o}$ ou sous celle-ci $\frac{o}{o}$; or, les équations (a) seroient incompatibles dans le premier cas et indéterminées dans le second, ce qui est contre la supposition.

2.° *Si les équations* (a) *sont incompatibles, les valeurs des inconnues x et y sont infinies.* En effet, si elles étoient finies ou de la forme $\frac{o}{o}$, il en résulteroit que les équations seroient déterminées ou indéterminées, ce qui est en contradiction avec l'hypothèse.

3.° *Si les équations* (a) *sont indéterminées, les valeurs de x et de y sont de la forme* $\frac{o}{o}$; car, en vertu de la supposition, elles ne peuvent être ni finies ni infinies.

Les différens points de la discussion précédente peuvent se résumer ainsi : *suivant que les valeurs de x et de y sont finies, infinies ou indéterminées, les équations $ax + by = c$, $a'x + b'y = c'$, sont déterminées, incompatibles ou indéterminées et réciproquement.*

310. *Lorsque les termes tout connus c et c' des équations* (a) *sont nuls sans que l'on ait $ab' - ba' = o$, les valeurs de x et de y sont aussi nulles et réciproquement.* En effet si dans les formules

$$x = \frac{cb' - bc'}{ab' - ba'}, \qquad y = \frac{ac' - ca'}{ab' - ba'},$$

on fait $c = o$, $c' = o$, on trouve

$$x = \frac{o}{ab' - ba'} = o, \qquad y = \frac{o}{ab' - ba'} = o.$$

Réciproquement si $x = o$ et $y = o$, on a $c = o$, $c' = o$ et $ab' - ba'$ n'est pas nul ; car, en substituant $x = o, y = o$, dans les équations (a), elles deviennent

$a.0+b.0=c$, $a'.0+b'.0=c'$, d'où $c=0$, $c'=0$; on ne peut avoir d'ailleurs $ab'-ba'=0$, car il s'en suivroit $x=\frac{0}{0}$, $y=\frac{0}{0}$.

311. Si $c=0$, $c'=0$ et si en même temps $ab'-ba'=0$, les valeurs des inconnues sont de la forme $\frac{0}{0}$. Ce cas d'indétermination mérite d'être distingué, à raison de ce que l'on peut y déterminer *le rapport des inconnues*. En effet des équations

$ax+by=0$, $a'x+b'y=0$, on tire $\frac{x}{y}=-\frac{b}{a}$, $\frac{x}{y}=-\frac{b'}{a'}$;

ces deux valeurs de $\frac{x}{y}$ sont identiques, en vertu de la relation $ab'-ba'=0$, d'où l'on déduit $\frac{b'}{a'}=\frac{b}{a}$.

312. Problème. *Former deux équations du premier degré qui aient pour solution commune $x=x'$, $y=y'$.* Soient

$$ax+by=c, \qquad a'x+b'y=c', \qquad \text{(f)}$$

les équations cherchées; a, b, c, a', b', c', sont six nombres qu'il s'agit de déterminer. Ces équations étant résolues par $x=x'$, $y=y'$, donneront

$$ax'+by'=c, \qquad a'x'+b'y'=c', \qquad \text{(g)}$$

et il n'y aura que deux équations pour la détermination des six inconnues; la question est donc indéterminée et *il existe une infinité de couples d'équations susceptibles d'une solution donnée.*

Égalons les valeurs de c et de c' dans les équations (f) et (g); nous obtiendrons

$$ax+by=ax'+by', \quad a'x+b'y=a'x'+b'y', \quad \text{(h)}$$

équations qui sont vérifiées par $x=x'$, $y=y'$, quelles que soient les valeurs assignées aux quatre coefficiens a, b, a', b'. Cependant il est essentiel que ces valeurs ne remplissent pas la condition $ab'-ba'=0$, sans quoi l'on auroit $x=\frac{0}{0}$, $y=\frac{0}{0}$.

Soit à former deux équations ayant pour solution commune $x=3$, $y=-2$. Remplaçons x' et y' par 3 et -2 dans les équations (h) et nous aurons

$$ax+by=3a-2b, \qquad a'x+b'y=3a'-2b';$$

prenons actuellement a, b, a', b', à volonté ; posons, par exemple, $a=5$, $b=2$, $a'=3$, $b'=-7$ et substituons ; nous trouverons pour les équations demandées

$$5x+2y=11, \qquad 3x-7y=23.$$

313. PROBLÈME. *Former deux équations indéterminées.* Prenons arbitrairement une équation et multiplions ses deux membres par un nombre quelconque ; l'équation résultante sera évidemment une conséquence de la première et par suite leur système sera indéterminé. Ainsi, les équations

$$ax+by=c, \qquad max+mby=mc$$

sont indéterminées. En y appliquant les formules (c) et (e) du n.° 306, on trouve effectivement

$$x=\frac{cmb-bmc}{amb-bma}=\frac{0}{0}, \qquad y=\frac{amc-cma}{amb-bma}=\frac{0}{0}.$$

314. PROBLÈME. *Former deux équations incompatibles.* Prenons une équation quelconque et, après avoir multiplié ses deux membres par un nombre arbitraire, altérons le dernier en y joignant tel nombre positif ou négatif que l'on voudra ; l'équation ainsi obtenue sera visiblement contradictoire avec la première, et par conséquent il y aura incompatibilité dans leur système. Les équations

$$ax+by=c, \qquad max+mby=mc+d,$$

formées par ce procédé, sont *incompatibles.* Si on y applique les formules (c) et (e) du n.° 306, on trouve

$$x=\frac{cmb-b(mc+d)}{amb-bma}=-\frac{bd}{0}, \quad y=\frac{a(mc+d)-cma}{amb-bma}=\frac{ad}{0}.$$

III. *Discussion des équations à trois inconnues.*

315. *Toute équation du premier degré à trois inconnues est de la forme* $ax+by+cz=d$; ce qui résulte de ce que l'on peut transposer les termes en x, y et z dans le premier membre et les autres termes dans le second ; puis, représenter par a, b, c, la somme des coefficiens de x, y, z, et par d celle des termes tout connus.

316. PROBLÈME. *Résoudre les trois équations générales* $ax+by+cz=d, a'x+b'y+c'z=d', a''x+b''y+c''z=d''$. (i)

Le procédé d'élimination qui conduit aux calculs les moins compliqués, consiste à prendre les valeurs de x et de y dans les deux premières équations, en regardant z comme connu, et à les substituer dans la troisième ; de là résulte une équation à une seule inconnue z. Cela posé, on tire des deux premières équations

$$ax+by=d-cz, \qquad a'x+b'y=d'-c'z;$$

pour en déduire les valeurs de x et de y, il suffit de changer, dans les formules (c) et (e) du n.° 306, c en $d-cz$ et c' en $d'-c'z$, ce qui donne

$$x=\frac{(d-cz)b'-b(d'-c'z)}{ab'-ba'}, \quad y=\frac{a(d'-c'z)-(d-cz)a'}{ab'-ba'}$$

ou bien, en séparant les termes affectés de z des termes connus,

$$x=\frac{(bc'-cb')z-(bd'-db')}{ab'-ba'}, \quad y=\frac{(ca'-ac')z-(da'-ad')}{ab'-ba'}.$$

Substituant ces valeurs dans la troisième équation, multipliant par $ab'-ba'$ et tirant la valeur de z, il vient

$$z=\frac{a''(bd'-db')+b''(da'-ad')+d''(ab'-ba')}{a''(bc'-cb')+b''(ca'-ac')+c''(ab'-ba')},$$

ou, en effectuant les multiplications indiquées et disposant les termes d'une manière convenable,

$$z=\frac{ab'd''-ad'b''+da'b''-ba'd''+bd'a''-db'a''}{ab'c''-ac'b''+ca'b''-ba'c''+bc'a''-cb'a''}. \qquad \text{(j)}$$

On pourroit déterminer y et x par un procédé analogue, mais il est beaucoup plus expéditif de remarquer que *les équations* (i) *ne changent pas, lorsque, sans toucher aux accens, on remplace* c *par* b, z *par* y *et réciproquement*; la formule (j), qui en est une conséquence, jouit par conséquent de la même propriété; elle devient, après ces mutations,

$$y=\frac{ac'd''-ad'c''+da'c''-ca'd''+cd'a''-dc'a''}{ac'b''-ab'c''+ba'c''-ca'b''+cb'a''-bc'a''},$$

ou bien, en multipliant le numérateur et le dénominateur par -1 et changeant les termes de place deux à deux,

$$y=\frac{ad'c''-ac'd''+ca'd''-da'c''+dc'a''-cd'a''}{ab'c''-ac'b''+ca'b''-ba'c''+bc'a''-cb'a''}. \quad \text{(k)}$$

Remplaçant enfin dans la formule (j) c par a, z par x et réciproquement, on trouve, après avoir multiplié les deux termes de la fraction du second membre par -1,

$$x=\frac{db'c''-dc'b''+cd'b''-bd'c''+bc'd''-cb'd''}{ab'c''-ac'b''+ca'b''-ba'c''+bc'a''-cb'a''}. \quad \text{(l)}$$

Appliquons ces formules à la résolution des trois équations $x-2y+3z=3$, $2x-3y-9z=1$, $3x-5y-4z=6$; il faudra faire $a=1$, $b=-2$, $c=3$, $d=3$, $a'=2$, $b'=-3$, $c'=-9$, $d'=1$, $a''=3$, $b''=-5$, $c''=-4$, $d''=6$, et substituer dans (j), (k) et (l); on trouve, tout calcul achevé, $x=20$, $y=10$, $z=1$.

317. Formation des formules (j), (k) et (l). *Pour former le dénominateur commun, on permute de toutes les manières possibles les coefficiens* a, b, c, *des trois inconnues dans la première équation; ce qui se fait, en prenant les deux produits* ab *et* ba *et en* y *introduisant la lettre* c *successivement à la* 3.ᵉ, 2.ᵉ *et* 1.ʳᵉ *place, d'où résultent les* 6 *permutations* abc, acb, cab, bac, bca, cba; *on affecte ensuite la deuxième lettre de chaque terme d'un accent et la troisième de deux; puis, on sépare ces termes alternativement par les signes* — *et* +, *ce qui donne pour le dénominateur*

$$ab'c''-ac'b''+ca'b''-ba'c''+bc'a''-cb'a''.$$

Pour former le numérateur relatif à chaque inconnue, on remplace, dans ce dénominateur, le coefficient de cette inconnue dans la première équation par le terme tout connu, en ayant le soin de ne pas déplacer les accens. Ainsi pour l'inconnue x, *on change* a *en* d ; *pour l'inconnue* y, b *en* d ; *pour l'inconnue* z, c *en* d.

318. *Trois équations du premier degré à trois inconnues ne sont généralement susceptibles que d'une seule solution.* En effet par l'élimination successive 1.° de y et de z, 2.° de x et de z, 3.° de x et de y, ces trois équations se ramènent à trois autres du premier degré qui ne renferment plus qu'une inconnue, savoir : la première, x ; la deuxième, y ; la troisième, z. Or, ces dernières ne peuvent être résolues que par un seul système de valeurs de x, y, z (301). Donc les premières jouissent aussi de la même propriété.

319. Discussion des formules (j), (k) et (l). Afin d'abréger, remarquons que la formule (l) peut s'écrire ainsi

$$x = \frac{d(b'c'' - c'b'') + d'(cb'' - bc'') + d''(bc' - cb')}{a(b'c'' - c'b'') + a'(cb'' - bc'') + a''(bc' - cb')}$$

ou de la sorte

$$x = \frac{d\mathrm{L} + d'\mathrm{M} + d''\mathrm{N}}{a\mathrm{L} + a'\mathrm{M} + a''\mathrm{N}},$$

en posant

$$\mathrm{L} = b'c'' - c'b'', \quad \mathrm{M} = cb'' - bc'', \quad \mathrm{N} = bc' - cb'. \quad \text{(m)}$$

ajoutons deux fois ces trois dernières équations, 1.° après les avoir multipliées par b, b', b'' ; 2.° après les avoir multipliées par c, c', c'' ; nous obtiendrons, toute réduction faite dans les deuxièmes membres,

$$b\mathrm{L} + b'\mathrm{M} + b''\mathrm{N} = 0, \qquad c\mathrm{L} + c'\mathrm{M} + c''\mathrm{N} = 0, \quad \text{(n)}$$

équations dont nous nous servirons incessamment.

Cela posé, désignons par A, B, C, les numérateurs des inconnues x, y, z, et par D leur dénominateur commun, et distinguons trois cas, comme dans les discussions précédentes; 1.° D n'est pas nul; 2.° $D=0$; 3.° $D=0$ et $A=0$.

1.er Cas. Si D n'est pas nul, les valeurs

$$x=\frac{A}{D}, \qquad y=\frac{B}{D}, \qquad z=\frac{C}{D},$$

sont *finies et déterminées*, et les équations (i), n'étant satisfaites que par un seul système de valeurs finies de x, y, z sont *déterminées*.

2.e Cas. Si $D=0$, les valeurs des trois inconnues deviennent

$$x=\frac{A}{0}, \qquad y=\frac{B}{0}, \qquad z=\frac{C}{0}.$$

J'affirme que les trois équations (i) *sont incompatibles;* et pour cela, il suffit de faire voir que la troisième est contradictoire avec l'une des équations que l'on peut déduire des deux autres. Or, ajoutons ces dernières après les avoir multipliées par L et par M, il vient

$$(aL+a'M)x+(bL+b'M)y+(cL+c'M)z=dL+d'M;$$

mais de la relation de condition $aL+a'M+a''N=0$ et des équations (n), on tire

$$aL+a'M=-a''N, \quad bL+b'M=-b''N, \quad cL+c'M=-c''N;$$

substituant les seconds membres aux premiers dans l'équation précédente et divisant par $-N$, elle devient

$$a''x+b''y+c''z=-\frac{dL+d'M}{N}, \quad (o)$$

équation évidemment incompatible avec celle-ci

$$a''x+b''y+c''z=d'',$$

puisque les premiers membres sont identiques et les seconds différens, en vertu de l'inégalité hypothétique

$$dL+d'M+d''N > \text{ ou } < 0, \text{ d'où } d'' > \text{ ou } < -\frac{dL+d'M}{N}.$$

3.e Cas. Si $D=0$ et $A=0$, l'on a $x=\frac{0}{0}$; *les équations*

(i) *sont indéterminées*. Cette assertion sera fondée, si l'on démontre que la troisième est une conséquence des deux autres. La condition $\text{A}=0$ ou $d\text{L}+d'\text{M}+d''\text{N}=0$ fournit

$$d''=-\frac{d\text{L}+d'\text{M}}{\text{N}}$$

et si l'on substitue dans l'équation (o) qui résulte des deux premières, en vertu de l'hypothèse $\text{D}=0$, on trouve effectivement la troisième équation $a''x+b''y+c''z=d''$.

Considérons actuellement les trois relations
$a\text{L}+a'\text{M}+a''\text{N}=0,\ b\text{L}+b'\text{M}+b''\text{N}=0, c\text{L}+c'\text{M}+c''\text{N}=0$, (p)
on déduit de la première et de la troisième, en regardant N comme connue,

$$\text{L}=\frac{c'a''-a'c''}{ca'-ac'}\text{N},\qquad \text{M}=\frac{ac''-ca''}{ca'-ac'}\text{N}; \qquad (q)$$

substituant ces valeurs de L et de M dans l'égalité de condition $d\text{L}+d'\text{M}+d''\text{N}=0$, et chassant le dénominateur, il vient

$$[d(c'a''-a'c'')+d'(ac''-ca'')+d''(ca'-ac')]\,\text{N}=0,$$

ou $\text{BN}=0$, en observant que la quantité comprise dans la parenthèse carrée n'est autre chose que le numérateur de y.

On obtiendroit pareillement $\text{CN}=0$ en remplaçant, dans l'équation $\text{D}=0$, L et M par leurs valeurs, tirées des deux premières relations (p).

Les équations $\text{BN}=0$, $\text{CN}=0$ qui résultent de la coexistence des deux hypothèses relatives au troisième cas, fournissent $\text{B}=0$, $\text{C}=0$, excepté dans les circonstances particulières où $\text{N}=0$. *Donc si l'une des inconnues se présente sous la forme* $\frac{0}{0}$, *les deux autres seront généralement de la même forme.*

Les réciproques des trois cas précédens peuvent s'établir à l'aide des raisonnemens que nous avons employés pour les équations à deux inconnues.

Concluons de toute cette analyse que selon que les valeurs

des inconnues x, y, z sont finies, infinies ou indéterminées, le système des trois équations qui les a fournies est déterminé, impossible ou indéterminé et réciproquement.

320. Il nous reste à examiner le cas singulier de $\text{N}=0$ dans lequel $x=\frac{0}{0}$, $y=\frac{\text{B}}{0}$, $z=\frac{\text{C}}{0}$; pour interpréter ces résultats, nous remonterons aux équations données.

En vertu des relations (q) on a d'abord $\text{L}=0$, $\text{M}=0$ et il s'ensuit

$$b'c''-c'b''=0,\quad cb''-bc''=0,\quad bc'-cb'=0\,; \quad \text{(r)}$$

multiplions les deux dernières équations (i) par c et remplaçons cb' par bc', cb'' par bc'', elles prennent la forme

$$\left\{\begin{array}{l} ax+\ (by+cz)=d, \\ ca'x+c'(by+cz)=cd', \\ ca''x+c''(by+cz)=cd'', \end{array}\right. \text{(s)} \quad \text{ou} \quad \left\{\begin{array}{l} ax+u=d, \\ ca'x+c'u=cd', \\ ca''x+c''u=cd'', \end{array}\right. \text{(t)}$$

en posant $by+cz=u$. Ces trois dernières équations sont visiblement incompatibles (257). *La notation $\frac{0}{0}$ indique donc ici une impossibilité.*

Les équations (t) sont cependant possibles, lorsque l'une d'elles, par exemple la première, est une conséquence des deux autres ; de celles-ci on retire

$$x=\frac{d'c''-c'd''}{a'c''-c'a''},\quad u \text{ ou } by+cz=\frac{c(a'd''-d'a'')}{a'c''-c'a''}; \quad \text{(u)}$$

substituant dans la première, chassant le dénominateur et transposant tous les termes dans le même membre, il vient

$$a(d'c''-c'd'')+c(a'd''-d'a'')-d(a'c''-c'a'')=0 \text{ ou } \text{B}=0;$$

cette dernière équation, multipliée par b, donne $b\text{B}=0$, et en y remplaçant bc' par cb' et bc'' par cb'', elle devient $c\,\text{C}=0$ d'où $\text{C}=0$, en admettant que c ne soit pas nul. On a donc $x=\frac{0}{0}$, $y=\frac{0}{0}$, $z=\frac{0}{0}$, quoique la valeur de x soit déterminée et que l'indétermination ne porte que sur y et z comme on le voit par les équations (u); *c'est donc un nouvel exemple du cas où le symbole* $\frac{0}{0}$ *prend une valeur finie.* L'hypothèse de $c = 0$ sera examinée dans un instant.

Supposons, pour compléter cette discussion, que, indépendamment des trois relations (r), on ait celles-ci

$$c'a'' - a'c'' = 0, \quad ac'' - ca'' = 0, \quad ca' - ac' = 0 \quad (v)$$

dont les premiers membres ne sont autre chose que les coefficiens de d, d', d'', dans le numérateur B, de sorte que B $= 0$.

On tire des conditions (r) $c' = \frac{cb'}{b}$, $c'' = \frac{cb''}{b}$ et en faisant la substitution dans les nouvelles (v) et chassant les dénominateurs, on trouve

$$c(b'a'' - a'b'') = 0, \quad c(ab'' - ba'') = 0, \quad c(ba' - ab') = 0,$$

d'où l'on déduit, en rejetant le cas de $c = 0$,

$$b'a'' - a'b'' = 0, \quad ab'' - ba'' = 0, \quad ba' - ab' = 0, \quad (z)$$

et par suite C $= 0$; de manière que $x = \frac{0}{0}$, $y = \frac{0}{0}$, $z = \frac{0}{0}$; or, dans cette circonstance, les équations (i) sont *incompatibles ;* car si dans le système (s) on remplace ca' par ac', ca'' par ac'', et si l'on divise les deux dernières équations par c' et c'', il se change en celui-ci, dont l'impossibilité est manifeste ;

$$ax + by + cz = d, \quad ax + by + cz = \frac{cd'}{c'}, \quad ax + by + cz = \frac{cd''}{c''}.$$

Revenons enfin à l'hypothèse $c = 0$ dans laquelle $x = \frac{0}{0}$, $y = \frac{0}{0}$, $z = \frac{C}{0}$; les relations (r) et (v) se réduisent à

$$b'c'' - c'b'' = 0, \quad -b'c'' = 0, \quad bc' = 0,$$
$$c'a'' - a'c'' = 0, \quad ac'' = 0, \quad -ac' = 0,$$

et pour y satisfaire, sans que les conditions (z) aient lieu, il faut poser $c' = 0$, $c'' = 0$; ce qui correspond au système d'*équations incompatibles* (257)

$$ax + by = d, \quad a'x + b'y = d', \quad a''x + b''y = d''.$$

321. *Lorsque les termes tout connus* d, d′, d″, *sont nuls et que* D *n'égale pas zéro, les valeurs des inconnues sont aussi nulles et réciproquement.* En effet dans la triple supposition $d = 0$, $d' = 0$, $d'' = 0$, les formules (j), (k) et (l) donnent

$$x = \frac{0}{D},\ y = \frac{0}{D},\ z = \frac{0}{D} \text{ ou } x = 0,\ y = 0,\ z = 0.$$

Réciproquement si $x = 0$, $y = 0$, $z = 0$, je dis que $d = 0$, $d' = 0$, $d'' = 0$ et que D n'est pas nul. Car ces valeurs substituées dans les équations (i) fournissent
$a.0 + b.0 + c.0 = d$, $a'.0 + b'.0 + c'.0 = d'$, $a''.0 + b''.0 + c''.0 = d''$, d'où $d = 0$, $d' = 0$, $d'' = 0$. D ne peut d'ailleurs être zéro, sans quoi l'on auroit $x = \frac{0}{0}$, $y = \frac{0}{0}$, $z = \frac{0}{0}$, ce qui est contre l'hypothèse.

322. Si $d = 0$, $d' = 0$, $d'' = 0$, $D = 0$, les valeurs des inconnues sont indéterminées. Ce cas d'intermination est remarquable, en ce que l'*on peut y trouver les rapports de l'une des inconnues aux deux autres;* en effet, les équations
$ax + by + cz = 0$, $a'x + b'y + c'z = 0$, $a''x + b''y + c''z = 0$, divisées par z, se transforment en

$$a\frac{x}{z} + b\frac{y}{z} + c = 0,\ a'\frac{x}{z} + b'\frac{y}{z} + c' = 0,\ a''\frac{x}{z} + b''\frac{y}{z} + c'' = 0;$$

considérant $\frac{x}{z}$, $\frac{y}{z}$ comme inconnues, on tire des deux premières

$$\frac{x}{z} = \frac{bc' - cb'}{ab' - ba'},\qquad \frac{y}{z} = \frac{ca' - ac'}{ab' - ba'};$$

et ces valeurs vérifient la troisième, car après la substitution et l'évanouissement des dénominateurs, on trouve $D = 0$, ce qui est vrai par hypothèse.

323. Nous recommandons aux élèves de s'exercer sur les questions suivantes :

1.° *Former trois équations du premier degré qui aient pour solution* $x = x'$, $y = y'$, $z = z'$.

2.° *Former trois équations indéterminées ou incompatibles, en partant d'une ou de deux équations données.*

3.° *Résoudre quatre équations générales du premier degré à quatre inconnues.*

324. *L'indétermination et l'incompatibilité des équations résolues directement, se manifestent par l'identité* $0=0$ *et par l'équation impossible* $A=0$. Considérons d'abord le système d'équations

$$2x-3y=5,\qquad 10x-15y=25,$$

qui, traité par les formules générales du n.° 306, fournit $x=\frac{0}{0}$, $y=\frac{0}{0}$; on en retire

$$x=\frac{3y+5}{2},\quad x=\frac{15y+25}{10}\quad\text{et}\quad \frac{3y+5}{2}=\frac{15y+25}{10};$$

d'où 1.° $15y+25=15y+25$; 2.° $15y-15y=25-25$; 3.° $0=0$.

Soient encore les équations

$$2x-3y=5,\qquad 10x-15y=27;$$

d'où l'on déduit, à l'aide des formules générales, $x=\frac{6}{0}$, $y=\frac{4}{0}$. En les résolvant directement, on trouve

$$x=\frac{3y+5}{2},\quad x=\frac{15y+27}{10}\quad\text{et}\quad \frac{3y+5}{2}=\frac{15y+27}{10};$$

d'où 1.° $15y+25=15y+27$; 2.° $15y-15y=27-25$; 3.° $0=2$.

Pour reconnoître l'identité de ces caractères, il suffit de chasser les dénominateurs dans les expressions

$$x=\frac{0}{0}\ \text{et}\ x=\frac{A}{0},$$

ce qui donne

$$0.x=0\quad\text{ou}\quad 0=0,\quad 0.x=A\quad\text{ou}\quad 0=A.$$

IV. *Conclusion.*

325. Lorsque les conditions d'un problème ont été traduites en algèbre, il peut arriver que le nombre des équa-

tions soit égal à celui des inconnues, ou qu'il soit plus petit, ou enfin qu'il soit plus grand.

1.° *S'il y a autant d'équations que d'inconnues, le problème est généralement déterminé;* cependant il deviendroit *indéterminé*, si les valeurs des inconnues étoient de la forme $\frac{0}{0}$, et *impossible* si elles étoient de celle-ci $\frac{A}{0}$.

2.° *S'il y a* m *équations entre* m + n *inconnues, le problème est indéterminé*, car on peut prendre arbitrairement n inconnues et déterminer les m autres au moyen des m équations données; observons toutefois que le problème deviendroit *impossible*, si ces équations étoient incompatibles.

3.° *S'il y a* m + n *équations entre* m *inconnues, la question est en général impossible;* car les valeurs des m inconnues déduites des m premières équations, ne peuvent vérifier les n autres qui n'ont pas participé à leur détermination; si cependant, n équations étoient des conséquences des m autres ou si plus de n équations se trouvoient dans ce cas, la question seroit *déterminée* ou *indéterminée*.

326. Nous terminerons la théorie des équations du premier degré par la résolution du problème suivant, remarquable en ce que son énoncé offre en apparence plus de conditions que d'inconnues.

Un père de famille ordonne, par son testament, que son bien soit partagé comme il suit:

L'aîné de ses enfans prélève a *fr. sur son bien plus le* $\frac{1}{n}$ *de ce qui reste ; le second,* 2a *fr. plus le* $\frac{1}{n}$ *de ce qui reste ; le troisième,* 3a *fr. plus le* $\frac{1}{n}$ *du nouveau reste ; et ainsi de suite jusqu'au dernier, en augmentant toujours de* a *fr.*

Les dispositions du testament ayant été suivies, il se

trouve que le bien a été partagé également entre tous les héritiers ; quel est le bien du père, la part de chaque enfant et le nombre des enfans ?

Soit x le bien du père et y la part de chacun des enfans; l'énoncé donne le moyen d'évaluer en x la somme qui revient à chaque héritier, et, en égalant chacune de ces parts à y, on parvient à autant d'équations qu'il y a d'enfans ; or, le nombre des enfans étant inconnu, celui des équations du problème l'est pareillement; pour que cette question soit possible et déterminée, il faut donc que toutes ces équations se réduisent à deux, à l'aide desquelles on puisse trouver x et y, et c'est précisément ce qui arrive.

Cherchons, pour le faire voir, la part du p.ième enfant ; elle se compose de pa fr. et de la $\frac{1}{n}$ partie de ce qui reste, lorsque l'on a retranché de x les quantités pa et $(p-1)y$, dont la dernière est la somme des $p-1$ parts précédentes. On a donc

$$pa+\frac{x-pa-(p-1)y}{n}=y \text{ ou } p(an-a-y)=ny-y-x,$$

après avoir multiplié par n et transposé dans le second membre les termes qui ne renferment pas p. Actuellement, si l'on fait $p=1$, $p=2$, $p=3$........ on aura l'équation relative au 1.er, 2.e, 3.e... enfant. Or, il est manifeste qu'à toutes les équations obtenues ainsi on peut substituer les deux suivantes

$$an-a-y=0, \qquad ny-y-x=0,$$

puisqu'alors les deux membres de chacune deviennent zéro; on en retire

$$y=a(n-1), \quad x=y(n-1) \quad \text{ou} \quad x=a(n-1)^2;$$

le nombre des enfans, étant exprimé par $\frac{x}{y}$, égale $n-1$, en vertu de l'équation $x=y(n-1)$. Supposant $a=100$, $n=10$, et substituant dans ces formules, on trouve

$$x=100.9^2=8100, \quad y=100.9=900, \quad \frac{x}{y}=9.$$

CHAPITRE VI.

ÉQUATIONS ET PROBLÈMES DU SECOND DEGRÉ A UNE SEULE INCONNUE.

327. On distingue deux espèces d'équations du second degré, les équations *incomplètes* ou *à deux termes*, et les équations *complètes* ou *à trois termes*.

Les équations *incomplètes* sont celles qui ne renferment que des termes affectés du carré de l'inconnue et des termes tout connus. *Exemple* $\frac{5x^2}{4}=1-x^2$.

Les équations *complètes* renferment en outre des termes affectés de la première puissance de l'inconnue. *Exemple*. $\frac{x^2+x}{3}-2=\frac{x^2-1}{4}$.

328 On appelle *racine* d'une équation du second degré et en général d'une équation quelconque, toute expression qui, substituée à l'inconnue, vérifie cette équation.

I. *Résolution et discussion des équations incomplètes.*

329. *Toute équation incomplète du second degré est de la forme* $x^2=q$; car, après en avoir chassé les dénominateurs, si l'on réunit dans le premier membre les termes affectés du carré de l'inconnue et dans le second les termes connus, on a, toute réduction faite, une équation de la forme $ax^2=b$, a et b désignant des nombres quelconques; divisant les deux membres par a, elle devient $x^2=\frac{b}{a}$ ou $x^2=q$, en posant, pour simplifier, $\frac{b}{a}=q$.

Si l'on traite de cette manière l'équation

$$\frac{5x^2}{4}=1-x^2,$$

on obtient successivement

$$5x^2=4-4x^2,\quad 5x^2+4x^2=4,\quad 9x^2=4,\quad x^2=\frac{4}{9}.$$

330. Pour résoudre une équation incomplète du second degré, *on la met sous la forme $x^2=q$, puis, on extrait la racine carrée des deux membres, en affectant celle du second du double signe plus ou moins*. De là résulte

$$x=\pm\sqrt{q},$$

et, en dédoublant cette expression, $x=\sqrt{q}$ et $x=-\sqrt{q}$.

Cette règle est évidente, puisqu'on ne trouble pas une équation en effectuant la même opération sur les deux membres, et que toute racine de degré pair d'une quantité doit être précédée du double signe *plus ou moins* (156).

Substituons tour à tour, afin de vérifier, $\sqrt{q}$ et $-\sqrt{q}$ à x dans l'équation $x^2=q$; il vient

$$(\sqrt{q})^2=q \text{ ou } q=q,\quad (-\sqrt{q})^2=q \text{ ou } q=q.$$

Si l'on applique cette règle à l'équation $x^2=\frac{4}{9}$ on trouve

$$x=\pm\sqrt{\frac{4}{9}}=\pm\frac{2}{3}\quad \text{ou}\quad x=\frac{2}{3}\quad \text{et}\quad x=-\frac{2}{3}.$$

331. Lorsqu'on extrait la racine carrée des deux membres de l'équation $x^2=q$, on devroit, à la rigueur, affecter aussi la racine du second membre du double signe *plus ou moins*; ce qui donneroit

$$\pm x=\pm\sqrt{q};$$

formule qui, par les diverses combinaisons des signes $+$ et $-$, comporte les quatre suivantes

$$x=\sqrt{q},\quad x=-\sqrt{q},\quad -x=\sqrt{q},\quad -x=-\sqrt{q};$$

mais cela est inutile, car, en changeant les signes des deux dernières équations, on retombe sur les deux premières.

332. *Toute équation incomplète du second degré a deux*

racines et ne peut en avoir davantage. En effet, l'équation $x^2 = q$ ou $x^2 - q = 0$ peut se mettre sous la forme $x^2 - (\sqrt{q})^2 = 0$, ou bien sous celle-ci, $(x - \sqrt{q})(x + \sqrt{q}) = 0$, en se rappelant que la différence des carrés de deux quantités est égale à leur somme multipliée par leur différence ; or, le premier membre, étant le produit de deux facteurs, ne peut être annullé qu'en égalant l'un ou l'autre à zéro ; cette équation équivaut donc aux deux suivantes du premier degré

$$x - \sqrt{q} = 0, \quad x + \sqrt{q} = 0, \quad \text{d'où} \quad x = \sqrt{q}, \quad x = -\sqrt{q}.$$

Nous retrouvons ainsi les valeurs déjà obtenues, mais ce procédé nous apprend en outre que ce sont les seules qui puissent vérifier l'équation $x^2 = q$.

333. **Discussion de la formule** $x = \pm \sqrt{q}$. Il faut distinguer *trois cas :* celui où q est *positif ;* celui où $q = 0$; celui enfin où il est *négatif.*

1.er Cas. Si q est *positif*, les deux racines sont *réelles et de signes différens ; commensurables* ou *incommensurables*, selon que q est ou n'est pas un carré parfait.

1.er *Exemple.* L'équation $x^2 = 36$, dont le second membre 36 est à la fois positif et un carré exact, a deux racines réelles commensurables. Ces racines sont 6 et -6.

2.e *Ex.* L'équation $x^2 = 5$, dont le second membre 5 est positif sans être un carré parfait, doit avoir pour racines deux nombres réels et incommensurables ; on en tire effectivement

$$x = \pm \sqrt{5} \text{ ou } x = 2{,}236\ldots \text{ et } x = -2{,}236\ldots$$

à 0,001 près ; on conçoit que ces valeurs ne satisfont à l'équation $x^2 = 5$ qu'approximativement.

2.e Cas. Si $q = 0$, la formule devient $x = \pm 0$; conséquemment, les racines sont *égales entr'elles et à zéro.* L'équation se réduit alors à $x^2 = 0$ ou $x.x = 0$, forme qui met en évidence les deux racines.

3.e Cas. Si q est *négatif*, les deux racines sont *imaginaires* (158), et l'équation $x^2 = q$ est *impossible*, car quel que soit le nombre mis à la place de x, il ne peut y avoir égalité entre les deux membres, le premier étant essentiellement positif, et le second étant négatif par hypothèse.

Ex. Les deux racines de l'équation $x^2 = -81$, dont le second membre -81 est négatif, sont imaginaires. L'on en déduit en effet $x = \pm\sqrt{-81}$, ou, en vertu du n.° 160, $x = \pm 9\sqrt{-1}$.

II. *Résolution des équations complètes du second degré.*

334. *Toute équation complète du second degré est de la forme* $x^2 + px = q$; car, chassant les dénominateurs, transposant dans le premier membre les termes affectés du carré et de la première puissance de l'inconnue et les autres termes dans le second, on trouve, réduction achevée, une équation de ce genre $ax^2 + bx = c$, a, b et c, étant des quantités connues; divisant les deux membres par a, il vient

$$x^2 + \frac{b}{a}x = \frac{c}{a} \quad \text{ou} \quad x^2 + px = q,$$

en représentant, pour plus de brièveté, $\frac{b}{a}$ par p et $\frac{c}{a}$ par q.

Avant de résoudre une équation du second degré, on doit toujours la ramener à cette forme; c'est ce que l'on appelle *préparer l'équation.*

En effectuant cette suite de transformations sur l'équation particulière

$$\frac{x^2 + x}{3} - 2 = \frac{x^2 - 1}{4},$$

on en déduit successivement

$4x^2 + 4x - 24 = 3x^2 - 3$, $4x^2 - 3x^2 + 4x = 24 - 3$, $x^2 + 4x = 21$.

335. Pour résoudre une équation complète du second degré, *il faut, après l'avoir préparée, égaler la première puissance de l'inconnue à la moitié du coefficient du second terme pris en signe contraire, plus ou moins la*

racine carrée du carré de cette moitié joint au membre tout connu.

Considérons l'équation générale $x^2+px=q$, et remarquons que le premier membre se compose des deux premiers termes du carré du binome $x+\frac{p}{2}$, lequel est égal à

$$x^2+px+\frac{p^2}{4};$$

ajoutons en conséquence $\frac{p^2}{4}$ à chaque membre, afin de rendre le premier un carré parfait et en même temps de maintenir l'équation, nous aurons

$$x^2+px+\frac{p^2}{4}=\frac{p^2}{4}+q \quad \text{ou} \quad \left(x+\frac{p}{2}\right)^2=\frac{p^2}{4}+q,$$

équation incomplète du second degré, en tant que l'on regarde $x+\frac{p}{2}$ comme l'inconnue; on en retire (337)

$$x+\frac{p}{2}=\pm\sqrt{\frac{p^2}{4}+q} \quad \text{d'où} \quad x=-\frac{p}{2}\pm\sqrt{\frac{p^2}{4}+q};$$

cette formule équivaut aux deux suivantes

$$x=-\frac{p}{2}+\sqrt{\frac{p^2}{4}+q}, \quad x=-\frac{p}{2}-\sqrt{\frac{p^2}{4}+q},$$

et sa traduction en langage ordinaire fournit la règle énoncée.

Si l'on substitue la formule trouvée à x dans l'équation $x^2+px=q$, il vient

$$\left(-\frac{p}{2}\pm\sqrt{\frac{p^2}{4}+q}\right)^2+p\left(-\frac{p}{2}\pm\sqrt{\frac{p^2}{4}+q}\right)=q$$

et, en développant les calculs indiqués,

$$\frac{p^2}{4}\mp p\sqrt{\frac{p^2}{4}+q}+\frac{p^2}{4}+q-\frac{p^2}{2}\pm p\sqrt{\frac{p^2}{4}+q}=q,$$

équation qui se réduit à l'identité $q=q$.

Appliquons d'abord cette règle à l'équation du n.° 33,

$$x^2 + 4x = 21\,;$$

nous en tirerons, en remarquant que $p = 4$ et $q = 21$,

$$x = -\frac{4}{2} \pm \sqrt{\left(-\frac{4}{2}\right)^2 + 21} \text{ ou } x = -2 \pm \sqrt{4 + 21}\,;$$

or, $4 + 21 = 25$ et $\sqrt{25} = 5$; donc $x = -2 \pm 5$ ou bien, en isolant ces valeurs, $x = -2 + 5 = 3$ et $x = -2 - 5 = -7$. Les nombres 3 et -7, comme il est facile de s'en assurer, satisfont individuellement à l'équation $x^2 + 4x = 21$; ce sont par conséquent les racines de cette équation.

Prenons, pour deuxième exemple, l'équation

$$2x^2 - 4x + \frac{5}{3} = \frac{1 - 2x^2}{5}\,;$$

chassant d'abord les dénominateurs, nous aurons

$$30x^2 - 60x + 25 = 3 - 6x^2,$$

et, transposant $-6x^2$ dans le premier membre et 25 dans le second,

$$36x^2 - 60x = -22\,;$$

divisant tous les termes par 2 et dégageant x^2 de son coefficient, il vient enfin

$$x^2 - \frac{30}{18}x = -\frac{11}{18} \text{ ou } x^2 - \frac{5}{3}x = -\frac{11}{18}.$$

Appliquons maintenant à cette équation la méthode exposée au commencement de ce n.°, en observant qu'ici $p = -\frac{5}{3}$ et $q = -\frac{11}{18}$; nous trouverons

$$x = \frac{5}{6} \pm \sqrt{\frac{25}{36} - \frac{11}{18}} = \frac{5}{6} \pm \sqrt{\frac{3}{36}} = \frac{5 \pm \sqrt{3}}{6}.$$

le nombre 3 n'étant pas un carré parfait, les valeurs de x sont incommensurables ; en se bornant aux milliè....., on obtient

$$x = \frac{5 \pm 1{,}732}{6} \text{ ou } x = 1{,}122\ldots \text{ et } x \ldots\ 547\ldots\,;$$

mais ces deux valeurs n'identifient les deux membres de l'équation proposée que par approximation.

Soit, pour dernier exemple, l'équation littérale

$$(a-b)x^2-2adx=-ad^2,$$

que l'on peut mettre de suite sous la forme voulue, en divisant par $a-b$; il en résulte

$$x^2-\frac{2ad}{a-b}x=-\frac{ad^2}{a-b},$$

d'où l'on tire, en suivant la règle,

$$x=\frac{ad}{a-b}\pm\sqrt{\frac{a^2d^2}{(a-b)^2}-\frac{ad^2}{a-b}}.$$

Or, remarquons que

$$\sqrt{\frac{a^2d^2}{(a-b)^2}-\frac{ad^2}{a-b}}=d\sqrt{\frac{a^2-a(a-b)}{(a-b)^2}}=\frac{d\sqrt{ab}}{a-b};$$

ce qui ramène la formule précédente à celle-ci

$$x=\frac{ad\pm d\sqrt{ab}}{a-b},\text{ ou bien à } x=\frac{d.(a\pm\sqrt{ab})}{a-b};$$

ces valeurs peuvent encore être simplifiées, car, si l'on observe que

$$a\pm\sqrt{ab}=\sqrt{a}.\sqrt{a}\pm\sqrt{a}.\sqrt{b}=\sqrt{a}\,(\sqrt{a}\pm\sqrt{b}),$$

$$a-b=(\sqrt{a}\pm\sqrt{b})(\sqrt{a}\mp\sqrt{b}),$$

elles deviennent

$$x=\frac{d\sqrt{a}(\sqrt{a}\pm\sqrt{b})}{(\sqrt{a}\pm\sqrt{b})(\sqrt{a}\mp\sqrt{b})}\text{ et enfin } x=\frac{d\sqrt{a}}{\sqrt{a}\mp\sqrt{b}}.$$

336. Il est facile de remonter de la formule

$$x=-\frac{p}{2}\pm\sqrt{\frac{p^2}{4}+q}$$

à l'équation d'où on l'a tirée. Il suffit pour cela de suivre une marche inverse, c'est-à-dire, de faire passer le terme $-\frac{p}{2}$ dans le premier membre et d'élever ensuite au carré; ce qui fournit

$$\left(x+\frac{p}{2}\right)^2=\left(\sqrt{\frac{p^2}{4}+q}\right)^2,\text{ et } x^2+px=q,$$

en faisant les calculs et omettant le terme $\frac{p^2}{4}$ commun aux deux membres.

337. On peut résoudre l'équation $x^2+px=q$ au moyen d'une transformation très-usitée en algèbre, et qu'il est important de connoître; elle consiste à faire $x=y+z$, y étant une nouvelle inconnue et z une *indéterminée* dont on pourra disposer pour rendre incomplète l'équation en y; opérant la substitution, on trouve

$$(y+z)^2+p(y+z)=q\,;$$

et, effectuant les calculs, puis, transposant dans le second membre les termes indépendans de y,

$$y^2+(2z+p)y=-z^2-pz+q. \qquad \text{(a)}$$

on peut actuellement profiter de l'indétermination de z pour poser

$$2z+p=0 \quad \text{d'où} \quad z=-\frac{p}{2};$$

portant cette valeur de z dans l'équation (a), il vient

$$y^2=-\left(-\frac{p}{2}\right)^2-p\left(-\frac{p}{2}\right)+q=\frac{p^2}{4}+q,$$

$$\text{d'où} \quad y=\pm\sqrt{\frac{p^2}{4}+q}\,;$$

enfin, à cause de $x=y+z$, on conclut comme précédemment

$$x=-\frac{p}{2}\pm\sqrt{\frac{p^2}{4}+q}.$$

338. *Toute équation du second degré a deux racines et ne peut en avoir davantage.* Car, si l'équation $x^2=px+q$ pouvoit avoir trois racines différentes a, b et c, l'on auroit

$$a^2+pa=q, \qquad b^2+pb=q, \qquad c^2+pc=q\,;$$

et, en retranchant successivement la deuxième et la troisième équation de la première

$$a^2-b^2+p(a-b)=0, \qquad a^2-c^2+p(a-c)=0\,;$$

équations qui, en vertu du n.° 46, peuvent s'écrire ainsi

$$(a-b)(a+b+p)=0, \qquad (a-c)(a+c+p)=0,$$

ou bien, parce que les binomes $a-b$ et $a-c$ ne peuvent être nuls,

$$a+b+p=0, \qquad a+c+p=0,$$

d'où, en retranchant, $b-c=0$, ce qui est contraire à la supposition. Donc *toute équation*, etc.

III. *Relations entre les racines et les coefficiens.*

339. 1.° *La somme des deux racines d'une équation du second degré est égale au coefficient du second terme, pris en signe contraire ; 2.° le produit des mêmes racines est égal au membre connu, pris aussi en signe contraire.* En effet si l'on désigne les deux racines de l'équation $x^2+px=q$ par a et b, on aura

$$a=-\frac{p}{2}+\sqrt{\frac{p^2}{4}+q}, \qquad b=-\frac{p}{2}-\sqrt{\frac{p^2}{4}+q} ;$$

ajoutant ces équations membre à membre, il vient

$$a+b=-\frac{p}{2}+\sqrt{\frac{p^2}{4}+q}-\frac{p}{2}-\sqrt{\frac{p^2}{4}+q}=-p ;$$

et, en les multipliant,

$$ab=\left(-\frac{p}{2}+\sqrt{\frac{p^2}{4}+q}\right)\left(-\frac{p}{2}-\sqrt{\frac{p^2}{4}+q}\right),$$

ou, parce que le premier facteur du second membre est la somme des deux quantités dont le second facteur exprime la différence,

$$ab=\left(-\frac{p}{2}\right)^2-\left(\sqrt{\frac{p^2}{4}+q}\right)^2=\frac{p^2}{4}-\left(\frac{p^2}{4}+q\right)=-q.$$

340. Problème. *Former une équation du second degré dont les racines soient a et b.* Si l'on suppose le coefficient de x^2 égal à l'unité, $-(a+b)$ et $-ab$ sont évidemment le coefficient du second terme et le membre tout connu (339);

l'équation demandée est en conséquence

$$x^2 - (a+b)x = -ab;$$

on trouve en effet, en résolvant cette équation, $x=a$ et $x=b$. On peut encore vérifier ce résultat, en y mettant alternativement a et b au lieu de x, ce qui donne

$$a^2-(a+b)a=-ab; \qquad b^2-(a+b)b=-ab,$$

équations qui se reduisent l'une et l'autre à $-ab=-ab$.

Ainsi, l'équation dont les racines sont $\frac{2}{3}$ et -5 est

$$x^2-\left(\frac{2}{3}-5\right)x=-\frac{2}{3}\times-5 \quad \text{ou} \quad x^2+\frac{13}{3}x=\frac{10}{3}.$$

341. PROBLÈME. *Une équation du second degré étant donnée, former une autre équation dont les racines soient égales à celles de la première prises en signes contraires.*

Soit $x^2+px=q$ l'équation donnée, et a, b les deux racines, en sorte que $a+b=-p$ et $ab=-q$. Les racines de l'équation cherchée étant $-a$ et $-b$, le coefficient de x sera exprimé par $-(-a-b)=a+b=-p$ et le membre connu par $-(-a)(-b)=-ab=q$. L'équation demandée est donc $x^2-px=q$; de là il suit que, *pour changer les signes des racines d'une équation du second degré, il suffit de changer le signe du coefficient du second terme.*

IV. *Résolution de quelques problèmes.*

342. PROBLÈME. *Trouver un nombre dont le carré augmenté de 10 soit égal à 7 fois le même nombre.*

Soit x le nombre inconnu; l'on a immédiatement

$$x^2+10=7x \quad \text{ou} \quad x^2-7x=-10;$$

on tire de cette équation

$$x=\frac{7}{2}\pm\sqrt{\frac{49}{4}-10}=\frac{7}{2}\pm\sqrt{\frac{9}{4}}=\frac{7\pm3}{2};$$

et, en dédoublant les racines,

$$x=\frac{7+3}{2}=5, \qquad x=\frac{7-3}{2}=2.$$

Les nombres 5 et 2 satisfont l'un et l'autre à la condition demandée, car

$$5^2+10=35=7.5, \qquad 2^2+10=14=7.2.$$

343. Problème. *Une personne achète un cheval qu'elle vend, quelque temps après, pour 21 louis; à cette vente, elle perd autant pour 100 que le cheval lui avoit coûté. On demande combien elle l'avoit acheté?*

Désignons par x la somme cherchée évaluée en louis; puisque sur 100 louis cette personne perd x, sur 1 louis elle perd $\frac{x}{100}$, et par conséquent sur x louis elle éprouve une perte égale à $\frac{x}{100}.x$ ou $\frac{x^2}{100}$; or cette perte est aussi exprimée par $x-21$: donc

$\frac{x^2}{100}=x-21$ ou $x^2=100x-2100$ ou bien $x^2-100x=-2100$;

équation du second degré d'où l'on tire

$$x=50\pm\sqrt{2500-2100}=50\pm\sqrt{400}=50\pm20$$

ou bien $x=50+20=70$ et $x=50-20=30$.

Ainsi ce problème est susceptible de deux solutions que nous allons vérifier sur l'énoncé même, 1.° si cette personne a acheté le cheval 70 louis, et si, en le vendant, elle a perdu 70 pour 100, la perte est $\frac{70}{100}.70=49$; effectivement, $70-21=49$. 2.° Si elle l'a acheté 30 louis, la perte est pareillement $\frac{30}{100}.30=9$, ce qui est encore exact, puisque $30-21=9$.

344. Problème. *L'extrémité supérieure d'une échelle est éloignée de 7 pieds du faîte du mur sur lequel elle s'appuie,*

et la distance de l'autre extrémité au pied du même mur est de 6 pieds. On demande la hauteur de ce mur, sachant que la longueur de l'échelle en est les deux tiers?

Soit x la hauteur cherchée; $x-7$ est le côté d'un triangle rectangle dont l'hypothénuse est la longueur $\frac{2x}{3}$ de l'échelle, et dont l'autre côté de l'angle droit est la distance 6 de son extrémité inférieure au pied du mur; or, la somme des carrés des côtés de l'angle droit d'un triangle rectangle est égale au carré de l'hypothénuse; donc

$$(x-7)^2+6^2=\left(\frac{2x}{3}\right)^2 \quad \text{ou} \quad x^2-14x+85=\frac{4x^2}{9}.$$

Préparant cette équation, il vient successivement

$$9x^2-126x+765=4x^2,\ 5x^2-126x=-765,$$
$$x^2-\frac{126}{5}x=-\frac{765}{5}.$$

on tire de cette dernière

$$x=\frac{63}{5}\pm\sqrt{\frac{63^2-5.765}{5^2}}=\frac{63\pm\sqrt{144}}{5}=\frac{63\pm 12}{5},$$

et, en séparant les racines, $x=15$ et $x=10\frac{1}{5}$. Ces deux valeurs satisfont également à la question.

345. Problème. *Déterminer la base du système de numération dans lequel le nombre 129 se trouve exprimé par 243.*

Soit x cette base; les unités du premier, deuxième, troisième.... ordre de ce système, valent 1, x, x^2....; le nombre de ce système exprimé par 243 correspond conséquemment au nombre $2x^2+4x+3$ du système décimal; de là résulte l'équation

$$2x^2+4x+3=129 \quad \text{ou bien} \quad x^2+2x=63;$$

on en déduit

$$x=-1\pm\sqrt{(-1)^2+63}=-1\pm 8, \text{ ou } x=7 \text{ et } x=-9.$$

ce problème a donc deux solutions, en admettant toutefois que la base demandée peut être négative.

346. PROBLÈME. *Partager le nombre* a *en deux parties, telles que la plus petite soit à la plus grande comme cette dernière est au nombre* a.

Soit x la plus grande partie, $a-x$ sera la plus petite, et l'on aura

$$a-x:x::x:a,$$

proportion d'où l'on conclut

$$x^2=a^2-ax \text{ et } x^2+ax=a^2.$$

Résolvant cette équation, on trouve

$$x=-\frac{a}{2}\pm\sqrt{\frac{a^2}{4}+a^2}=\frac{-a\pm a\sqrt{5}}{2}=\frac{-1\pm\sqrt{5}}{2}.a;$$

ces deux valeurs de x sont réelles, incommensurables et de signes différens; la racine négative, quoique satisfaisant à l'équation, est évidemment inadmissible. La réponse à la question proposée est donc

$$x=\frac{-1+\sqrt{5}}{2}.a=0,618...a, \quad a-x=\frac{3-\sqrt{5}}{2}.a=0,382..a.$$

On peut remarquer que cette valeur de x est l'expression du côté du *décagone régulier*, inscrit dans un cercle dont le rayon seroit a.

347. PROBLÈME. *Plusieurs droites, situées dans le même plan et telles qu'il n'en existe pas de parallèles ni plus de deux concourant au même point, se rencontrent en* a *points. Déterminer le nombre de ces droites?*

Représentons ce nombre par x; chaque droite, rencontrant les $x-1$ autres, fournit $x-1$ points d'intersection; l'expression $x(x-1)$ ou x^2-x représente donc le double du nombre des points de concours, à raison de ce que l'un quelconque d'entr'eux, se trouvant à la fois sur deux droites, a été compté deux fois; en conséquence, l'équation du problème est

$$x^2-x=2a$$

d'où

$$x=\frac{1}{2}\pm\sqrt{\frac{1}{4}+2a} \quad \text{et} \quad x=\frac{1\pm\sqrt{1+8a}}{2}.$$

Le radical étant plus grand que l'unité, la seconde valeur de x est négative et doit être rejetée. Quant à la première, elle ne sera visiblement admissible que dans le cas où $1+8a$ sera un carré parfait.

Si l'on fait $a=21$, cette formule donne $x=7$; si l'on suppose $a=4$, $1+8a$ ou 33 n'est pas un carré exact et la question est insoluble.

348. Problème. *On devoit partager 360 fr. entre un certain nombre de personnes; quatre d'entr'elles se trouvent absentes, et cette circonstance augmente la quote-part des autres de 3 fr. Combien devoit-il d'abord y avoir de partageans?*

Soit x ce nombre de personnes; si elles assistoient toutes au partage, chacune recevroit $\frac{360}{x}$; mais puisqu'il en manque 4, le nombre des partageans n'est plus que $x-4$, et par suite la quote-part s'élève à $\frac{360}{x-4}$; or, d'après l'énoncé, la différence de ces deux expressions doit être 3; donc l'on a

$$3=\frac{360}{x-4}-\frac{360}{x}$$

et, divisant par 3, puis chassant les dénominateurs,

$$x(x-4)=120x-120(x-4) \text{ ou bien } x^2-4x=480,$$

on déduit aisément de cette équation

$$x=2\pm\sqrt{4+480}=2\pm\sqrt{484}=2\pm22,$$

$$\text{ou } x=24 \text{ et } x=-20.$$

Ces deux valeurs vérifient séparément l'équation du problème, mais la dernière est inadmissible, vu qu'un nombre de personnes ne peut être négatif. Il n'y a donc qu'une solution.

Il est cependant à remarquer que la valeur négative de x, abstraction faite de son signe, correspond à une autre question, numériquement liée à la première, que l'on peut énoncer ainsi : *on devoit partager 360 fr. entre un certain nombre de personnes ; quatre nouveaux partageans surviennent, et cette circonstance diminue la part commune de 3 fr. Quel étoit dans le principe le nombre des partageans?*

En désignant ce nombre par x, on trouve pour l'équation du problème

$$3=\frac{360}{x}-\frac{360}{x+4},\quad \text{d'où}\quad x^2+4x=480.$$

Or, cette équation ne diffère de celle d'abord obtenue, que par le signe du coefficient de x, et, d'après le n.° 338, elle doit avoir pour racines celles de la première, prises en signes contraires, c'est-à-dire, -24 et 20 ; le nombre 20 répond donc à ce dernier énoncé.

349. Problème. *Partager le nombre* a *en deux parties, telles que la somme des quotiens, que l'on obtient en divisant la première par la seconde et la seconde par la première, soit un nombre donné* b.

Désignons la première partie par x, l'autre sera $a-x$, et l'on aura immédiatement

$$\frac{x}{a-x}+\frac{a-x}{x}=b\quad \text{ou bien}\quad x^2+(a-x)^2=bx(a-x)\,;$$

développant les calculs et mettant cette équation sous la forme exigée, il vient

$$(b+2)x^2-(b+2)ax=-a^2\quad \text{ou}\quad x^2-ax=-\frac{a^2}{b+2};$$

de là on tire

$$x=\frac{a}{2}\pm\sqrt{\frac{a^2}{4}-\frac{a^2}{b+2}}\quad \text{et}\quad x=\frac{a}{2}\left(1\pm\sqrt{\frac{b-2}{b+2}}\right).$$

Lorsque b est <2, auquel cas la quantité soumise au radical est négative, les racines sont imaginaires et le problème *impossible*. La plus petite valeur que l'on puisse attribuer à b est donc 2 ; dans cette hypothèse, la formule précédente donne $x=\frac{a}{2}$, c'est-à-dire que le nombre est divisé par moitié, ce qui d'ailleurs est évident.

Lorsque b est >2, le radical est une expression réelle plus petite que l'unité ; conséquemment les deux racines sont positives, la première $>\frac{a}{2}$ et la seconde $<\frac{a}{2}$, et en outre leur somme est égale à a ; elles représentent donc les deux parties cherchées du nombre a; ce que l'on pouvoit prévoir, car, si la question étoit de nouveau traduite en algèbre en prenant pour inconnue la deuxième partie, on retomberoit évidemment sur l'équation d'abord obtenue. Ainsi, ce problème n'est susceptible que d'une seule solution.

350. PROBLÈME. *Deux voyageurs partent au même instant des points* A *et* B, *distans de 20 lieues, l'un de* A *pour aller en* B, *l'autre de* B *pour aller en* A; *leurs vitesses sont uniformes et dans un rapport tel que le premier arrive en* B *quatre heures après qu'ils se sont rencontrés, et que le second arrive en* A *neuf heures après cette rencontre. On demande à quelles distances des points* A *et* B *ils se sont rencontrés et après combien d'heures ?*

Si x est la distance du point de rencontre à A, $20-x$ sera la distance du même point à B; le premier voyageur, parcourant $20-x$ lieues dans 4 heures, met $\frac{4}{20-x}$ heures pour faire une lieue et $\frac{4x}{20-x}$ pour en faire x. On trouve de la même manière que le second voyageur emploie $\frac{9(20-x)}{x}$ heures pour parcourir $20-x$ lieues. Or, au moment de leur rencontre, ils ont marché pendant le même temps; donc

$$\frac{9(20-x)}{x}=\frac{4x}{20-x} \quad \text{ou} \quad 9(20-x)^2=4x^2.$$

on peut résoudre de suite cette équation, en extrayant la racine carrée des deux membres, ce qui donne

$3(20-x)=\pm 2x$, et par suite $x=\frac{60}{3\pm 2}$ ou $x=12$ et $x=60$;

la seconde racine $x=60$ ne peut satisfaire à l'énoncé, puisque la distance de A à B n'est que de 20 lieues; la première racine $x=12$ répond donc seule à la question; ainsi, les distances du point de rencontre aux points de départ sont 12 et $20-12$ ou 8 lieues et la rencontre a lieu après $\frac{4.12}{20-12}$ ou 6 heures.

Reprenons ce problème d'une manière générale; supposons que la distance des points de départ soit d, et que les voyageurs arrivent en B et A, a et b heures après leur rencontre; enfin, prenons pour inconnue le temps z après lequel ils se sont rencontrés.

Puisque les voyageurs parcourent la distance d, l'un en $a+z$ et l'autre en $b+z$ heures, ils font respectivement dans une heure $\frac{d}{a+z}$ et $\frac{d}{b+z}$ lieues; dans un temps z, ils ont conséquemment parcouru les espaces $\frac{dz}{a+z}$ et $\frac{dz}{b+z}$, et, comme ils se trouvent alors au même point de la ligne AB, l'on a

$$\frac{dz}{a+z}+\frac{dz}{b+z}=d \qquad \text{ou bien} \qquad \frac{z}{a+z}+\frac{z}{b+z}=1,$$

équation qui se réduit à $z^2=ab$, d'où $z=\sqrt{ab}$. Si l'on suppose $a=4$ et $b=9$, cette formule donne $z=\sqrt{4.9}=6$, résultat obtenu plus haut.

351. Problème. *Déterminer la profondeur d'un puits, sachant:* 1.° *qu'il s'écoule* a *secondes entre l'instant où on y laisse tomber une pierre et celui où on l'entend frapper le fonds du puits;* 2.° *que l'espace parcouru par un corps pesant dans un temps donné, s'obtient en multipliant* 15 *pieds par le carré du nombre de secondes dont il est composé;* 3.° *que le son se transmet uniformément et parcourt environ* 1000 *pieds par seconde.*

Si l'on représente par x la profondeur cherchée, x égale

15 pieds multipliés par le carré du nombre de secondes que la pierre emploie pour parcourir cette distance ; donc le carré de ce temps est $\frac{x}{15}$; d'un autre côté le même temps est exprimé par $a - \frac{x}{1000}$, puisque le son, produit par le choc, se transmet à l'ouverture du puits en $\frac{x}{1000}$ secondes. Ainsi, l'équation du problème sera

$$\left(a - \frac{x}{1000}\right)^2 = \frac{x}{15};$$

posons, pour éviter les calculs,

$$\frac{x}{1000} = y, \quad \text{d'où} \quad x = 1000y \quad \text{et} \quad \frac{x}{15} = 2.\frac{100}{3}y;$$

ce qui revient évidemment à prendre pour inconnue le temps que le son emploie pour parcourir la profondeur x; il vient, en désignant $\frac{100}{3}$ par b,

$$(a-y)^2 = 2by \quad \text{ou bien} \quad y^2 - 2(a+b)y = -a^2;$$

d'où l'on déduit

$$y = a + b \pm \sqrt{(a+b)^2 - a^2};$$

les deux valeurs de y sont positives, mais la première étant plus grande que a doit être rejetée ; portant la seconde dans $x = 1000y$ et effectuant le carré de $a+b$, on obtient,

$$x = 1000(a + b - \sqrt{b^2 + 2ab}).$$

On peut déduire de cette formule une valeur de x suffisamment approchée et d'un usage fort commode; si l'on développe à cet effet le radical, en observant que le temps a ne se compose ordinairement que de quelques secondes, et que par suite la fraction $\frac{a}{b}$ ou $\frac{3a}{100}$ est assez petite pour que l'on puisse en négliger les puissances supérieures à la troisième (90) ; on trouve

$$\sqrt{b^2+2ab}=b\sqrt{1+2\frac{a}{b}}=b\left(1+\frac{a}{b}-\frac{1}{2}\frac{a^2}{b^2}+\frac{1}{2}\frac{a^3}{b^3}\right)$$
$$=b+a-\frac{1}{2}\frac{a^2}{b}\left(1-\frac{a}{b}\right),$$

et, en substituant dans la valeur de x,

$$x=\frac{1000}{2b}a^2\left(1-\frac{a}{b}\right), \text{ ou bien, } x=15a^2(1-0{,}03.a),$$

en remplaçant la lettre b par la fraction $\frac{100}{3}$ qu'elle représente.

Si l'on suppose $a=3''$, on obtient, à un pied près,

$$x=15.3^2(1.-0{,}03.3)=123.$$

V. *Exercices.*

352. *Résoudre les équations suivantes :*

1.° $x^2-12x=-35$; *Rép.* $x=5$, $x=7$.

2.° $15+26x+7x^2=0$; *Rép.* $x=-3$, $x=-\frac{5}{7}$.

3.° $5x^2+\frac{4}{5}=4x$; *Rép.* $x=\frac{2}{5}$, $x=\frac{2}{5}$.

4.° $\frac{x-1}{x+1}=\frac{1}{3x}$; *R.* $x=1{,}548..x=-0{,}215$.

5.° $x^2-6x=-58$ *Rép.* $x=3\pm7\sqrt{-1}$.

6.° $a^2(x^2-2x+1)-b^2(x^2+2x+1)=0$ *R.* $x=\frac{a+b}{a-b}$, $x=\frac{a-b}{a+b}$.

353. Problème. *Décomposer le nombre* 10 *en deux parties, telles que la somme de leurs cubes soit* 370. Rép. *Ces deux parties sont* 7 *et* 3.

354. Problème. *Trouver* 1.° *le nombre qui, augmenté de sa racine carrée, donne pour somme* 42; 2.° *le nombre qui, diminué de sa racine carrée, donne pour reste* 42? Rép. 1.° $x=36$: 2.° $x=49$.

355. Problème. *Déterminer les racines de l'équation*

$x^2+px+q=0$, *dans laquelle* p *et* q *sont des quantités inconnues, sachant que le trinome* x^2+px+q *prend la valeur numérique* 14, *quand on suppose* $x=5$, *et la valeur* 34 *quand on fait* $x=7$? Rép. $x=1\pm\sqrt{2}$.

356. **Problème.** *Exprimer que les équations* $x^2+px=q$, $x^2+p'x=q'$ *ont une racine commune?* Rép. *L'équation de condition cherchée est* $(q-q')^2+p\ (q-q')\ (p-p')=q(p+p')^2$.

357. **Problème.** *Trouver un rectangle dont la différence des côtés soit* a *et dont la surface soit* b. Rép. *Ces côtés sont* $\frac{a+\sqrt{a^2+4b}}{2}$ et $\frac{-a+\sqrt{a^2+4b}}{2}$.

358. **Problème.** *La surface d'un rectangle est de* 391 *mètres carrés; si l'on augmentoit chaque côté d'un mètre, la surface seroit* 432 *mètres carrés. Quels sont les côtés de ce rectangle?* Rép. *Les côtés sont* 23 *et* 17 *mètres.*

359. **Problème.** *Déterminer les côtés du triangle rectangle, qui a pour contour* 12 *mètres et pour surface* 6 *mètres carrés?* Rép. *Les côtés sont* 5, 4 *et* 3 *mètres.*

360. **Problème.** *On dispose une armée, composée de* 20161 *hommes, en trois bataillons carrés à centres pleins; le côté du premier carré renferme* 19 *hommes de plus que celui du second, et celui du second* 21 *hommes de plus que le côté du troisième; on demande combien il y a d'hommes sur le côté de chaque bataillon?* Rép. *Il y a* 100 *hommes sur le côté du premier*, 81 *sur le côté du second, et* 60 *sur celui du troisième.*

361. **Problème.** *On a partagé* 120 *fr. entre un certain nombre de personnes, et* 360 *fr. entre les mêmes personnes et* 4 *autres. Chacune de celles qui ont participé aux deux partages a reçu* 56 *fr. On demande le nombre de ces dernières?* Rép. $x=6$.

362. **Problème.** *On a un certain nombre de plans dont le rapport au nombre des points d'intersection qu'ils fournissent est* 1 : 22. *On demande le nombre de ces plans*,

sachant qu'il n'en existe pas de parallèles ni plus de trois concourant au même point? Rép. $x = 13$.

363. PROBLÈME. *Deux paysannes, ayant porté entr'elles deux 77 œufs au marché, en reviennent avec des sommes égales. Si chacune d'elles eût vendu ses œufs sur le même pied que l'autre a vendu les siens, la première auroit reçu 5 fr. 60 et la seconde 3 fr. 15. Combien chacune avoit-elle d'œufs?* Rép. 44 et 33.

364. PROBLÈME. *Un tonneau plein de liqueur a trois orifices* A, B, C; *il peut se vider par les trois orifices ensemble en 6 heures; par l'orifice* B *seul, il se videroit dans les trois quarts du temps qu'il mettroit à se vider par* A *seul; et par* C, *dans un temps qui est plus grand de 5 heures que le temps par* B. *On demande en combien de temps le tonneau se videra par chacune de ces ouvertures séparément?* Rép. *Les trois temps inconnus sont 20, 15 et 20 heures.*

365. PROBLÈME. *On remet à un banquier deux billets sur la même personne; le premier de 550 fr. payable dans 7 mois, le second de 720 fr. payable dans 4 mois; et il donne pour le tout une somme de 1200 fr.; on demande quel est le taux annuel de l'intérêt d'après lequel ces billets ont été escomptés.* Rép. *Ce taux est de 13 fr. 27.*

366. PROBLÈME. *Une personne possédant 1000 fr. partage cette somme en deux parties qu'elle fait valoir à des intérêts différens, et dont elle retire en tout 63 fr. 57; si elle faisoit valoir la première partie au même taux que la seconde, elle en retireroit 22 fr. 50 d'intérêt, et, si elle faisoit valoir la seconde au même taux que la première, cette partie rapporteroit annuellement 33 fr. 93. On demande les deux taux d'intérêt?* Rép. 5 *et* 7.

CHAPITRE VII.

DISCUSSION DES ÉQUATIONS ET DES PROBLÈMES DU SECOND DEGRÉ.

I. *Autre manière de présenter la théorie des équations du second degré.*

367. Reprenons l'équation générale

$$x^2+px=q \quad \text{ou} \quad x^2+px-q=0,$$

et remarquons que l'on a identiquement

$$x^2+px-q=x^2+px+\frac{p^2}{4}-\left(\frac{p^2}{4}+q\right)$$

ou bien

$$x^2+px-q=\left(x+\frac{p}{2}\right)^2-\left(\sqrt{\frac{p^2}{4}+q}\right)^2,$$

et, parce que le dernier membre est la différence de deux carrés,

$$x^2+px-q=\left(x+\frac{p}{2}-\sqrt{\frac{p^2}{4}+q}\right)\left(x+\frac{p}{2}+\sqrt{\frac{p^2}{4}+q}\right); \text{(a)}$$

conséquemment l'équation $x^2+px-q=0$ peut se mettre sous la forme

$$\left(x+\frac{p}{2}-\sqrt{\frac{p^2}{4}+q}\right)\left(x+\frac{p}{2}+\sqrt{\frac{p^2}{4}+q}\right)=0,$$

et l'on ne peut y satisfaire que de deux manières :

1.° en posant $x+\frac{p}{2}-\sqrt{\frac{p^2}{4}+q}=0$, d'où $x=-\frac{p}{2}+\sqrt{\frac{p^2}{4}+q}$;

2.° en posant $x+\frac{p}{2}+\sqrt{\frac{p^2}{4}+q}=0$, d'où $x=-\frac{p}{2}-\sqrt{\frac{p^2}{4}+q}$;

de là découlent la règle pour résoudre les équations du second degré, et le théorème du n.° 335.

368. Si l'on désigne les deux racines de l'équation $x^2+px-q=0$ par a et b, on aura

$$a=-\frac{p}{2}+\sqrt{\frac{p^2}{4}+q},\qquad b=-\frac{p}{2}-\sqrt{\frac{p^2}{4}+q},$$

et, en retranchant tour à tour ces dernières de l'égalité $x=x$,

$$x-a=x+\frac{p}{2}-\sqrt{\frac{p^2}{4}+q},\quad x-b=x+\frac{p}{2}+\sqrt{\frac{p^2}{4}+q};$$

substituant les premiers membres aux seconds dans l'équation identique (a), il vient

$$x^2+px-q=(x-a)(x-b).$$

Ainsi, *le premier membre d'une équation du second degré, dont le coefficient du carré de l'inconnue est l'unité et dont le second membre est zéro, est identiquement égal au produit de deux facteurs binomes du premier degré, ayant pour terme commun l'inconnue et pour seconds termes les racines prises en signes contraires.*

369. Si l'on développe le second membre de l'équation précédente, on trouve

$$x^2+px-q=x^2-(a+b)x+ab,$$

identité qui ne peut avoir lieu, à moins que l'on ait

$$p=-(a+b),\qquad -q=ab;$$

ce sont les relations du n.º 336.

370. Problème. *Décomposer le trinome du second degré* Lx^2+Mx+N *en deux facteurs du premier degré.*

Résolvons à cet effet l'équation

$$Lx^2+Mx+N=0 \text{ ou } x^2+\frac{M}{L}x+\frac{N}{L}=0,$$

après avoir divisé tous les termes par L; nous en tirerons

$$x=\frac{-M\pm\sqrt{M^2-4NL}}{2L}; \tag{b}$$

soient a et b ces deux valeurs de x; nous aurons (365)

$$x^2+\frac{M}{L}x+\frac{N}{L}=(x-a)(x-b),$$

et, en multipliant par L,

$$Lx^2+Mx+N=L(x-a)(x-b). \tag{c}$$

371. S'il existe entre les trois coefficiens L, M, N la relation $M^2 = 4NL$, la formule (b) se réduit à

$$x = -\frac{M}{2L} \pm o, \quad \text{d'où} \quad a = b = -\frac{M}{2L};$$

l'identité (c) prend alors la forme

$$Lx^2 + Mx + N = L\left(x + \frac{M}{2L}\right)^2,$$

et, en extrayant la racine carrée des deux membres, il vient

$$\sqrt{Lx^2 + Mx + N} = \pm\sqrt{L}\left(x + \frac{M}{2L}\right) = \pm\left(x\sqrt{L} + \frac{M}{2\sqrt{L}}\right).$$

Donc *le trinome* $Lx^2 + Mx + N$ *est un carré parfait, quand le carré du coefficient du terme moyen est égal à quatre fois le produit des coefficiens extrêmes.*

II. *Discussion des racines.*

372. Nous distinguerons trois cas dans la discussion des formules

$$x = -\frac{p}{2} + \sqrt{\frac{p^2}{4} + q}, \qquad x = -\frac{p}{2} - \sqrt{\frac{p^2}{4} + q};$$

celui où la quantité $\frac{p^2}{4} + q$, soumise au radical, est *positive ;* celui où elle est *nulle ;* celui enfin où elle est *négative.*

1.er **Cas.** Lorsque $\frac{p^2}{4} + q$ est positif, les deux racines sont *réelles*, *commensurables* ou *incommensurables*, suivant que cette expression est ou n'est pas un carré exact.

Ce premier cas offre *trois variétés :* 1.° q positif; 2.° $q = o$; 3.° q négatif, mais plus petit, indépendamment des signes, que $\frac{p^2}{4}$.

1.re *Variété.* Si q est positif, l'on a

$\frac{p^2}{4} < \frac{p^2}{4} + q$ et par suite $\sqrt{\frac{p^2}{4}}$ ou $\frac{p}{2} < \sqrt{\frac{p^2}{4} + q}$; chaque racine prend en conséquence le signe du radical qui lui correspond. Donc *toute équation du second degré, dont le membre connu est positif, a deux racines réelles et de signes différens.*

2.e *Variété.* Si $q = 0$, les racines deviennent

$$x = -\frac{p}{2} + \frac{p}{2} = 0, \qquad x = -\frac{p}{2} - \frac{p}{2} = -p.$$

Ainsi, *les racines d'une équation du second degré, privée de terme tout connu, sont égales, l'une à zéro, et l'autre au coefficient du second terme pris en signe contraire.*

Au surplus, on peut tirer ces résultats de l'équation $x^2 + px = 0$; car, mettant x en facteur, elle prend la forme $x(x+p) = 0$, et l'on peut y satisfaire, soit en posant $x = 0$, soit en posant $x + p = 0$, d'où $x = -p$.

3.e *Variété.* Si q est négatif et numériquement plus petit que $\frac{p^2}{4}$, on a

$$\frac{p^2}{4} > \frac{p^2}{4} + q \quad \text{et par suite} \quad \frac{p}{2} > \sqrt{\frac{p^2}{4} + q};$$

les deux racines prennent donc le signe de leur premier terme $-\frac{p}{2}$; de là il suit que *lorsque le membre tout connu est négatif et plus petit, abstraction faite des signes, que le carré de la moitié du coefficient du second terme, les deux racines sont réelles et de même signe, positives si ce coefficient est négatif, négatives s'il est positif.*

On peut parvenir aux résultats précédens par une voie qu'il ne sera pas inutile de faire connoître. Si l'on représente les deux racines par a et b, on a, comme on le sait,

$$ab = -q, \qquad a + b = -p;$$

or, 1.º si q est positif, les racines sont de signes contraires, attendu que leur produit $-q$ est négatif; la seconde relation fait voir en outre que la racine, numériquement la plus grande, a le même signe que $-p$. 2.° Si $q=0$, les relations deviennent $ab=0$ et $a+b=-p$, ce qui permet de conclure que l'une des racines est nulle et que l'autre est $-p$. 3.° Si q est négatif, les deux racines ont le signe de $-p$, puisque leur produit $-q$ est positif et que leur somme est $-p$.

Faisons passer le terme $-\frac{p}{2}$ dans le premier membre de la formule

$$x=-\frac{p}{2}\pm\sqrt{\frac{p^2}{4}+q},$$

et élevons au carré (333), il vient

$$\left(x+\frac{p}{2}\right)^2=\left(\sqrt{\frac{p^2}{4}+q}\right)^2 \text{ ou bien } \left(x+\frac{p}{2}\right)^2-\left(\sqrt{\frac{p^2}{4}+q}\right)^2=0$$

d'où il suit que *dans le cas où les racines d'une équation du second degré sont réelles, tous les termes, réunis dans le premier membre, équivalent à la différence de deux carrés.*

2.e Cas. Lorsque $\frac{p^2}{4}+q=0$, ou, ce qui est la même chose, lorsque $q=-\frac{p^2}{4}$, les valeurs de l'inconnue se réduisent à

$$x=-\frac{p}{2}+\sqrt{0}=-\frac{p}{2}, \qquad x=-\frac{p}{2}-\sqrt{0}=-\frac{p}{2}.$$

conséquemment, *si le membre connu est négatif et numériquement égal au carré de la moitié du coefficient du second terme, les deux racines sont égales entr'elles et à cette même moitié prise en signe contraire.*

L'équation $x^2+px=q$ devient dans cette supposition

$$x^2+px=-\frac{p^2}{4} \text{ ou } x^2+px+\frac{p^2}{4}=0 \text{ ou enfin } \left(x+\frac{p}{2}\right)^2=0;$$

donc, *quand il y a égalité entre les racines, tous les termes de l'équation, transposés dans le premier membre, forment un carré parfait.*

La dernière des équations précédentes, mise sous la forme

$$\left(x+\frac{p}{2}\right)\left(x+\frac{p}{2}\right)=0,$$

fait concevoir comment peut s'établir l'égalité entre les deux racines.

3.e Cas. Lorsque $\frac{p^2}{4}+q$ est négatif, ce qui exige que q soit négatif et d'une valeur absolue plus grande que $\frac{p^2}{4}$, le radical et par suite les racines sont imaginaires (158).

Représentons par k le terme $-\frac{p}{2}$ et par h la racine carrée de l'expression $\frac{p^2}{4}+q$ prise positivement, en sorte que $-h^2=\frac{p^2}{4}+q$; la formule qui donne les racines devient

$$x=k\pm\sqrt{-h^2} \quad \text{ou} \quad x=k\pm h\sqrt{-1}.$$

Afin de reconnoître la forme d'une équation du second degré dont les racines sont imaginaires, faisons passer le terme k dans le premier membre et élevons au carré (333); nous aurons

$$(x-k)^2=-h^2 \quad \text{ou} \quad (x-k)^2+h^2=0;$$

équation dont l'impossibilité est manifeste, puisqu'elle signifie que la somme de deux quantités positives, dont la seconde ne peut être annullée, est égale à zéro. Donc *lorsque le membre tout connu est négatif et plus grand, abstraction faite des signes, que le carré de la moitié du coefficient du second terme,* 1.° *les racines sont imaginaires;* 2.° *elles sont conjuguées et de la forme* $x=k\pm h\sqrt{-1}$; 3.° *l'équation est impossible, et tous ses termes transposés dans le premier membre, équivalent à la somme de deux carrés.*

373. La discussion précédente fait connoître la nature des racines d'une équation du second degré, à l'inspection de ses coefficiens. Voici des exemples de tous les cas.

1.er *Exemple.* $x^2-6x=7$. Le second membre 7 étant positif, cette équation a deux racines réelles et de signes contraires; la plus grande des racines est positive, car leur somme est $-(-6)$ ou 6.

2.e *Exemple.* L'équation $x^2-6x=0$ ou bien $x(x-6)=0$ a deux racines réelles, l'une égale à zéro et l'autre à 6.

3.e *Exemple.* $x^2-6x=-7$. Les racines sont réelles, car 1.° 7 est $<\left(\frac{6}{2}\right)^2$ ou 9; 2.° elles sont de même signe, attendu que leur produit 7 est positif; 3.° elles sont positives, puisque leur somme est 6.

Chacune des trois équations précédentes signifie que la différence de deux carrés est égale à zéro. On tire, par exemple, de la dernière $x=3\pm\sqrt{2}$; et si l'on remonte à l'équation, en suivant la règle du n.° 333, on trouve successivement

$x-3=\pm\sqrt{2}$, $(x-3)^2=(\sqrt{2})^2$, $(x-3)^2-(\sqrt{2})^2=0$.

4.e *Exemple.* $x^2+6x=-9$. Le membre tout connu -9 étant négatif et numériquement égal à $\left(-\frac{6}{2}\right)^2$ ou 9, les deux racines sont égales entr'elles et à $-\frac{6}{2}$ ou 3; l'équation donnée peut se mettre sous la forme $x^2+6x+9=0$, et par suite sous celle-ci $(x+3)^2=0$.

5.e *Exemple.* $x^2-2x=-5$. 1.° Les racines sont imaginaires, car le second membre -5 est négatif et a une valeur absolue plus grande que $\left(-\frac{2}{2}\right)^2$ ou 1; 2.° elles sont de la forme $k\pm h\sqrt{-1}$, puisque l'on tire de l'équation $x=1\pm\sqrt{-4}$ ou $x=1\pm2\sqrt{-1}$; 3.° l'équation est impossible, ce qui résulte de la formule $x=1\pm2\sqrt{-1}$, d'où l'on déduit successivement (333)

$x-1=\pm 2\sqrt{-1}$, $(x-1)^2=-4$, $(x-1)^2+4=0$.

374. La discussion de l'équation $ax^2+bx=c$ conduit à quelques nouvelles circonstances que nous allons examiner ; divisée par a, elle devient

$$x^2+\frac{b}{a}x=\frac{c}{a} \quad \text{d'où} \quad x=-\frac{b}{2a}\pm\sqrt{\frac{b^2}{4a^2}+\frac{c}{a}}$$

$$\text{ou} \quad x=\frac{-b\pm\sqrt{b^2+4ac}}{2a}. \qquad \text{(d)}$$

Ainsi, les racines seront réelles, égales ou imaginaires, selon que b^2+4ac sera $>$, $=$ ou <0.

Supposons d'abord que $a=0$, il vient

$$x=\frac{-b\pm b}{0} \quad \text{ou} \quad x=\frac{-b+b}{0}=\frac{0}{0} \quad \text{et} \quad x=\frac{-b-b}{0}=\infty$$

l'une des racines se présente sous le symbole de l'indétermination et l'autre sous celui de l'impossibilité. Cependant l'équation, devenant dans cette hypothèse $0.x^2+bx=c$, s'abaisse au premier degré et fournit seulement $x=\frac{c}{b}$; l'expression $\frac{0}{0}$ a donc ici une valeur finie.

Faisons à la fois $a=0$, $b=0$; on a

$$x=\frac{0\pm 0}{0} \quad \text{ou} \quad x=\frac{0}{0} \quad \text{et} \quad x=\frac{0}{0}.$$

Ce qui semble indiquer que les racines sont indéterminées. Il est manifeste qu'il n'en est pas ainsi, car l'équation $0.x^2+0.x=c$ est visiblement impossible. Le symbole $\frac{0}{0}$ indique donc dans ce cas une absurdité.

Posons enfin $a=0$, $b=0$, $c=0$; on obtient, comme précédemment, $x=\frac{0}{0}$ et $x=\frac{0}{0}$; mais alors, l'équation $0.x^2+0.x=0$ étant identique, ces résultats sont exacts.

On peut donner à la formule (d) une forme telle qu'elle réponde exactement aux trois suppositions précédentes; il suffit pour cela de multiplier les deux termes de la fraction du second membre par $-b\mp\sqrt{b^2+4ac}$, en observant que (46)

$$(-b\pm\sqrt{b^2+4ac})(-b\mp\sqrt{b^2+4ac})=(-b)^2-(\sqrt{b^2+4ac})^2$$
$$=-4ac;$$

elle devient alors

$$x=\frac{-4ac}{2a(-b\mp\sqrt{b^2+4ac})} \quad \text{ou bien} \quad x=\frac{2c}{b\pm\sqrt{b^2+4ac}}.$$

Si l'on pose actuellement 1.° $a=0$; 2.° $a=0$, $b=0$; 3.° $a=0$, $b=0$, $c=0$; on obtient

$$1.^\circ\ x=\frac{2c}{b\pm b} \text{ ou } x=\frac{c}{b} \text{ et } x=\frac{2c}{0};\ 2.^\circ\ x=\frac{2c}{0\pm 0};\ 3.^\circ\ x=\frac{0}{0\pm 0}.$$

375. *Si l'une des racines d'une équation du second degré est commensurable, incommensurable ou imaginaire, l'autre racine est aussi de la même forme*, car ces diverses circonstances ne dépendent que du radical commun aux deux racines.

Il est à remarquer que dans le cas où les racines sont commensurables, l'une d'elles peut être entière et l'autre fractionnaire. On en voit un exemple dans le n.° 337.

376. *Lorsque* p *et* q *sont des nombres entiers, l'équation* $x^2+px=q$ *ne peut avoir pour racine une fraction rationnelle.* Imaginons en effet que la fraction rationnelle et irréductible $\frac{a}{b}$ soit racine d'une telle équation, l'on auroit

$$\frac{a^2}{b^2}+p\frac{a}{b}=q \text{ et, en mutipliant par } b,\ \frac{a^2}{b}+pa=qb,$$

identité qui ne sauroit exister, puisqu'en vertu du n.° 94 la fraction $\frac{a^2}{b}$ est irréductible et qu'un nombre fractionnaire ne peut être égal à un nombre entier.

III. *Discussion des problèmes du second degré.*

377. Les problèmes du second degré sont généralement susceptibles de deux solutions, puisque les équations auxquelles ils conduisent ont la propriété d'être satisfaites par deux valeurs différentes de l'inconnue, il existe cependant quelques problèmes, où les deux solutions s'identifient; c'est ce qui arrive, entr'autres, quand on parvient à une équation dont les racines sont égales, ou bien encore quand il y a dans l'énoncé deux quantités inconnues parfaitement symétriques par rapport aux données. Tel est le problème du n.° 346.

Ce qui précède suppose que l'équation du problème est la traduction complète de son énoncé; s'il en étoit autrement, il pourroit se faire, comme on l'a vu dans quelques-unes des questions du chapitre VI, que l'une des racines ou même toutes les deux fussent inadmissibles. Tout ce qui a été dit à cet égard pour les problèmes du premier degré (284), convient également à ceux du second.

378. On peut établir, relativement aux solutions négatives, un principe absolument conforme à celui du n.° 285.

Toute valeur négative de l'inconnue, tirée de l'équation d'un problème du second degré, répond, abstraction faite de son signe, à un autre problème, dont l'énoncé peut se déduire du premier, en attribuant à l'inconnue un sens opposé.

En effet, si l'on suppose que le premier problème ait conduit à l'équation $x^2+px=q$, on pourra en déduire celle du second, en y changeant x en $-x$, ce qui donnera

$$(-x)^2+p(-x)=q \quad \text{ou} \quad x^2-px=q\,;$$

or, ces deux équations ne diffèrent que par le signe du coefficient de la première puissance de l'inconnue; donc, en vertu du n.° 338, les racines de l'une sont égales à celles de l'autre prises en signes contraires. *C.Q.F.D.*

Au surplus, il est à remarquer que ce principe n'est applicable que dans le cas où l'inconnue peut se prendre dans une acception contraire; si cette interprétation étoit impossible, la valeur négative de l'inconnue, prise positivement, correspondroit encore en général à une question analogue à la proposée. Nous citerons pour exemple le problème du n.° 345.

Nous allons appliquer cette théorie au *problème des lumières*, remarquable en ce qu'il réunit les points les plus importans de la discussion.

379. PROBLÈME. *Trouver sur la droite* AB *un point également éclairé par les deux lumières* A *et* B, *sachant*, 1.° *que la longueur de la droite qui les unit est de d mètr.;* 2.° *qu'elles répandent, à un mètre de distance, des clartés représentées par les nombres* a *et* b ; 3.° *que, d'après une loi de physique, l'intensité d'une lumière à une distance quelconque est exprimée par une fraction, dont le dénominateur est le carré de cette distance, et dont le numérateur est l'intensité de cette lumière à un éloignement d'un mètre.*

O

E A C B D

Supposons le problème résolu, et soit C le point demandé ; si l'on représente la distance AC par x, la distance AB—AC ou BC est exprimée par $d-x$; en vertu de l'énoncé, l'intensité de la lumière A au point C sera $\frac{a}{x^2}$, et celle de la lumière B au même point sera $\frac{b}{(d-x)^2}$; donc, puisque le point C reçoit de l'un et de l'autre la même clarté, on aura

$$\frac{a}{x^2}=\frac{b}{(d-x)^2} \quad \text{ou} \quad a(d-x)^2=bx^2; \qquad \text{(e)}$$

et, en effectuant les calculs indiqués,

$ad^2-2adx+ax^2=bx^2$ ou $(a-b)x^2-2adx=-ad^2$; (f)
équation d'où l'on a tiré dans le n.° 332

$$x=\frac{d.\sqrt{a}}{\sqrt{a}+\sqrt{b}}, \qquad x=\frac{d\sqrt{a}}{\sqrt{a}-\sqrt{b}}.$$

On peut parvenir aux mêmes résultats fort simplement, en extrayant la racine carrée des deux membres de l'équation (e); de là résultent

$$\sqrt{a}.(d-x)=\pm\sqrt{b}.x \quad \text{et} \quad \sqrt{a}.d-\sqrt{a}.x=\pm\sqrt{b}.x\,;$$

changeant les membres de place et faisant passer le terme $-\sqrt{a}.x$ dans le premier, il vient

$$(\sqrt{a}\pm\sqrt{b})x=\sqrt{a}.d \quad \text{d'où} \quad x=\frac{\sqrt{a}.d}{\sqrt{a}\pm\sqrt{b}}.$$

Pour faire une application de cette formule, posons $d=48$, $a=49$, $b=25$, et substituons, en observant que $\sqrt{49}=7$ et $\sqrt{25}=5$, nous trouverons

$$x=\frac{7.48}{7\pm5}, \quad \text{ou} \quad x=28 \quad \text{et} \quad x=168.$$

Les deux points C et D, tels que AC $=28$ mètres et AD $=168$ mètres, satisfont en conséquence à la condition demandée (*).

(*) Les points C et D, où les deux lumières éclairent également, jouissent de la propriété de diviser la droite AB en parties harmoniques, c'est-à-dire, que les parties sont liées par la proportion

$$AC : BC :: AD : BD.$$

En effet, l'on a évidemment

$$\frac{b}{\overline{BC}^2}=\frac{a}{\overline{AC}^2}, \quad \frac{b}{\overline{BD}^2}=\frac{a}{\overline{AD}^2}, \quad \text{d'où} \quad \frac{\overline{AC}^2}{\overline{BC}^2}=\frac{a}{b}, \quad \frac{\overline{AD}^2}{\overline{BD}^2}=\frac{a}{b},$$

et, parce que les seconds membres sont égaux,

$$\frac{\overline{AC}^2}{\overline{BC}^2}=\frac{\overline{AD}^2}{\overline{BD}^2} \quad \text{d'où} \quad \frac{AC}{BC}=\frac{AD}{BD}. \quad C.Q.F.D.$$

Si le point O est le milieu de la droite CD, la dernière des équations obtenues peut s'écrire ainsi

Discussion. Examinons d'abord la première racine

$$x=\frac{\sqrt{a}}{\sqrt{a}+\sqrt{b}}d;$$

elle est visiblement positive et plus petite que d, puisque le premier terme $\sqrt{a}$ de la fraction qui multiplie d est plus petit que le second $\sqrt{a}+\sqrt{b}$; cette racine est d'ailleurs $>$ ou $<\frac{d}{2}$, suivant que a est $>$ ou $<b$. Lorsque $a=b$, elle devient.

$$x=\frac{\sqrt{a}}{\sqrt{a}+\sqrt{a}}.d=\frac{\sqrt{a}}{2\sqrt{a}}.d=\frac{d}{2}.$$

Ainsi, il existe toujours entre les deux flambeaux A et B, un point qu'ils éclairent également; ce point se trouve au milieu de la droite AB quand ils sont de même intensité, et en général il est compris entre le milieu de cette droite et le flambeau le moins intense.

Considérons présentement la seconde racine

$$\frac{AO-CO}{CO-BO}=\frac{AO+CO}{BO+CO},$$ ou de la sorte, $$\overline{CO}^2=AO\times BO,$$

après avoir chassé les dénominateurs et fait la réduction; or, si l'on désigne par i un point de la circonférence décrite sur CD comme diamètre, l'on aura, en vertu de la proposition XXXIV, livre III, de la géométrie de M. Legendre,

$$\frac{Ai}{Bi}=\frac{AC}{BC} \quad \text{et par suite} \quad \frac{\overline{Ai}^2}{\overline{Bi}^2}=\frac{\overline{AC}^2}{\overline{BC}^2};$$

ou bien, en remplaçant le rapport de $\overline{AC}^2:\overline{BC}^2$ par son égal $a:b$,

$$\frac{\overline{Ai}^2}{\overline{Bi}^2}=\frac{a}{b} \quad \text{ou} \quad \frac{b}{\overline{Bi}^2}=\frac{a}{\overline{Ai}^2};$$

donc tous les points de cette circonférence sont également éclairés par les lumières A et B. Si on la fait tourner autour de son diamètre CD, tous les points de la sphère engendrée jouiront également de la même propriété. Quand les flambeaux ont même intensité, la sphère dégénère en un plan perpendiculaire sur le milieu de la droite AB.

$$x = \frac{\sqrt{a}}{\sqrt{a}-\sqrt{b}}.d,$$

dans la triple hypothèse de $a > b$, $a < b$, $a = b$.

1.° Si $a > b$, le dénominateur $\sqrt{a}-\sqrt{b}$ étant positif et plus petit que le numérateur $\sqrt{a}$, la valeur de x sera positive, mais plus grande que d. Il y a donc un second point D, sur le prolongement de AB et du côté du flambeau le plus foible, qui jouit de la propriété demandée.

2.° Si $a < b$, le dénominateur $\sqrt{a}-\sqrt{b}$ étant négatif et d'une valeur absolue plus petite que le numérateur $\sqrt{a}$, la valeur de x est aussi négative et numériquement plus grande que d. Cette valeur de x, prise positivement, correspond à un autre problème, dont l'énoncé se déduira de celui dont il s'agit, en donnant à x une acception opposée, c'est-à-dire, en comptant la distance que représente cette lettre dans le sens AE (375) ; or, on conçoit aisément que ces deux problèmes sont identiques, attendu que l'on n'a pas précisé dans l'énoncé la position que doit avoir le point demandé par rapport aux deux lumières A et B. Concluons donc que, dans cette hypothèse comme dans la précédente, il existe un second point E, sur le prolongement de AB e du côté de la plus foible lumière, qui remplit la condition voulue.

3.° Si $a = b$, la valeur de x prend la forme

$$x = \frac{\sqrt{a}}{\sqrt{a}-\sqrt{a}}.d = \frac{\sqrt{a}.d}{0} = \infty.$$

Le calcul, en donnant un point situé à l'infini, nous apprend que la seconde solution n'existe plus; l'équation (f) s'abaisse effectivement au premier degré et devient

$$-2adx = -ad^2 \quad \text{d'où} \quad x = \frac{d}{2},$$

résultat déjà obtenu.

Enfin, si l'on suppose à la fois $a = b$ et $d = 0$, les valeurs de x se présentent sous la forme 0 et $\frac{0}{0}$; ce qu'il étoit facile de prévoir, car les flambeaux coïncidant et ayant même intensité, tous les points de la droite AB, en y comprenant celui où se trouvent les deux flambeaux, sont également éclairés.

380. *Tout problème qui conduit à une équation du second degré dont les racines sont imaginaires, est impossible.* Car, s'il étoit susceptible de solution, il y auroit au moins un nombre fini, qui, mis à la place de l'inconnue, vérifieroit l'équation ; ce qui est contre la nature des équations du second degré dont les racines sont imaginaires.

Voici deux exemples :

381. PROBLÈME. *Partager le nombre* p *en deux parties dont le produit soit* q.

On voit immédiatement que les deux parties cherchées ne sont autres que les deux valeurs de x dans l'équation $x^2-px=-q$, puisque la somme de ses racines est p et que leur produit est q (336). On en tire

$$x=\frac{p}{2}\pm\sqrt{\frac{p^2}{4}-q};$$

tant que q est $<\frac{p^2}{4}$, les deux parties sont réelles ; elles sont égales, si $q=\frac{p^2}{4}$; enfin, lorsque q est $>\frac{p^2}{4}$, elles deviennent imaginaires et le problème est *impossible*.

Pour prouver cette impossibilité, indépendamment des théories précédentes, il suffit de faire voir que *le produit des deux parties d'un nombre* p *ne peut être plus grand que la quantité* $\frac{p^2}{4}$, *qui exprime le carré de la moitié de ce nombre.* Si l'on désigne à cet effet par d la différence entre les deux parties du nombre p, la plus grande sera représentée par $\frac{p}{2}+\frac{d}{2}$, la plus petite par $\frac{p}{2}-\frac{d}{2}$ (5), et l'on aura

$$\left(\frac{p}{2}+\frac{d}{2}\right)\left(\frac{p}{2}-\frac{d}{2}\right)=\frac{p^2}{4}-\frac{d^2}{4};$$

or, il est manifeste que ce produit est d'autant plus grand que la différence d est plus petite, et que sa plus grande valeur $\frac{p^2}{4}$ correspond à $d=0$, c'est-à-dire, au cas où les deux parties sont égales.

382. Problème. *Partager le nombre* p *en deux parties telles que leur produit soit égal à la somme de leurs carrés.*

Soit x l'une des parties du nombre p, l'autre sera $p-x$ et l'on aura

$$x(p-x)=x^2+(p-x)^2,$$

et, en effectuant les calculs,

$$px-x^2=x^2+p^2-2px+x^2 \quad \text{ou} \quad x^2-px=-\frac{p^2}{3};$$

équation qui fournit

$$x=\frac{p}{2}\pm\sqrt{\frac{p^2}{4}-\frac{p^2}{3}}=\frac{p}{2}\left(1\pm\sqrt{-\frac{1}{3}}\right);$$

on peut en conclure que ce problème est *impossible*, puisque les valeurs de l'inconnue sont imaginaires, quel que soit d'ailleurs le nombre donné p.

CHAPITRE VIII.

RÉSOLUTION DE QUELQUES ÉQUATIONS DE DEGRÉ SUPÉRIEUR AU SECOND.

I. *Équations à deux termes.*

383. *Les équations à deux termes* sont celles qui ne renferment que deux espèces de termes; les uns affectés d'une certaine puissance de l'inconnue et les autres tout connus.

384. *Toute équation à deux termes est de la forme* $x^m = \pm q$, *q désignant un nombre positif quelconque.* Car, si l'on fait passer dans le premier membre les termes qui renferment l'inconnue et dans le second les termes connus, on obtiendra, réduction faite, une équation de ce genre, $ax^m = b$. Divisant par a et représentant par $\pm q$ l'expression $\frac{b}{a}$, en convenant de prendre le signe $+$ quand b et a sont de même signe et le signe $-$ dans le cas contraire, elle prend la forme annoncée $x^m = \pm q$.

385. Pour résoudre une équation à deux termes, *on la ramène à la forme* $x^m = \pm q$ *et l'on extrait la racine* m^{ième} *des deux membres, en se rappelant : 1.° que toute racine de degré pair d'une quantité doit être affectée du double signe plus ou moins* (156) ; *2.° que les racines de degré impair d'une quantité ont le signe de cette quantité* (157). Conséquemment, des équations

$$x^m = q, \qquad x^m = -q,$$

on déduit, dans le cas où m est un nombre pair,

$$x = \pm \sqrt[m]{q}, \qquad x = \pm \sqrt[m]{-q}$$

et, dans celui ou m est un nombre impair,

$$x = \sqrt[m]{q}, \qquad x = -\sqrt[m]{q}.$$

Ainsi, lorsque le degré de l'équation est pair, il y a deux racines réelles ou aucune, suivant que le second membre est positif ou négatif; lorsque le degré est impair, il y a toujours une racine réelle, mais il ne peut y en avoir qu'une.

II. *Équations résolubles par la méthode du second degré.*

386. Les équations résolubles par la méthode du second degré sont celles qui sont réductibles à la forme $x^{2m} + px^m = q$; on voit que l'exposant de l'inconnue x dans le premier terme est double de l'exposant de cette lettre dans le second, et que le dernier terme est entièrement connu.

387. Pour résoudre l'équation $x^{2m} + px^m = q$, on pose $x^m = y$, d'où l'on déduit aisément $x^{2m} = y^2$; substituant, il vient

$$y^2 + py = q, \quad \text{et par suite } y = -\frac{p}{2} \pm \sqrt{\frac{p^2}{4} + q};$$

or, de $x^m = y$, on tire $x = \pm\sqrt[m]{y}$ ou $x = \sqrt[m]{y}$, selon que m est un nombre pair ou impair (382), et en remplaçant y par sa valeur

$$x = \pm\sqrt[m]{\left(-\frac{p}{2} \pm \sqrt{\frac{p^2}{4} + q}\right)}, \quad x = \sqrt[m]{\left(-\frac{p}{2} \pm \sqrt{\frac{p^2}{4} + q}\right)};$$

la première formule résout l'équation proposée quand m est pair, et la seconde quand m est impair.

Discussion. Elle dépend visiblement de celles des équations à deux termes et des équations du second degré.

Supposons d'abord que m soit un nombre pair, auquel cas $x = \pm\sqrt[m]{y}$; 1.° Il y aura quatre valeurs réelles, égales deux à deux et de signes contraires, si les valeurs de y sont réelles et positives; 2.° il n'y aura plus que deux valeurs réelles de signes différens, si l'une des valeurs de y est positive et l'autre négative; 3.° il n'en existera aucune, si les valeurs de y sont toutes deux négatives ou imaginaires.

Dans l'hypothèse où m est un nombre impair et où l'on a $x=\sqrt[m]{y}$; 1.° Si y a deux valeurs réelles, x a aussi deux valeurs réelles de même signe que celles de y; 2.° il n'y a pas de racines réelles, lorsque les valeurs de y sont imaginaires.

III. *Toute racine de degré pair d'une quantité négative est de la forme* $p\pm q\sqrt{-1}$.

388. La démonstration de ce théorème, qui a été annoncé dans le n.° 160, et en vertu duquel les quantités imaginaires de tous les degrés sont réductibles à celles du second, repose sur ce lemme:

La racine carrée d'une quantité imaginaire de la forme $a+b\sqrt{-1}$ *est encore de la même forme*; ou, en d'autres termes, il existe toujours des valeurs réelles de k et de h, telles que

$$\sqrt{a+b\sqrt{-1}}=k+h\sqrt{-1}.$$

en effet, élevant au carré et observant que $(\sqrt{-1})^2=-1$, il vient

$$a+b\sqrt{-1}=k^2-h^2+2kh\sqrt{-1},$$

équation qui ne peut subsister à moins qu'il n'y ait égalité entre les parties réelles et imaginaires des deux membres; de là résultent

$$k^2-h^2=a,\ 2kh\sqrt{-1}=b\sqrt{-1} \text{ ou } k^2-h^2=a,\ k^2h^2=\frac{b^2}{4};$$

ce qui apprend que k^2 et $-h^2$ sont les racines d'une équation du second degré, dont le coefficient du second terme est $-a$ et le membre tout connu $\frac{b^2}{4}$ (336), c'est-à-dire de

$$x^2 - ax = \frac{b^2}{4}, \quad \text{d'où l'on tire} \quad x = \frac{a \pm \sqrt{a^2+b^2}}{2};$$

les deux valeurs de x sont toujours réelles et de signes différens; la racine positive correspond à k^2, la racine négative à $-h^2$, et l'on a

$$k^2 = \frac{a+\sqrt{a^2+b^2}}{2}, \qquad -h^2 = \frac{a-\sqrt{a^2+b^2}}{2};$$

et, en tirant les valeurs de k et de h,

$$k = \pm\sqrt{\left(\frac{a+\sqrt{a^2+b^2}}{2}\right)}, \quad h = \pm\sqrt{\left(\frac{-a+\sqrt{a^2+b^2}}{2}\right)},$$

ce qui démontre le lemme énoncé.

Cela posé, si l'on fait $a=0$ et $b=1$, auquel cas l'expression $\sqrt{a+b\sqrt{-1}}$ se réduit à $\sqrt{\sqrt{-1}}$ ou $\sqrt[4]{-1}$, on trouve

$$k = \pm\sqrt{\frac{1}{2}}, \qquad h = \pm\sqrt{\frac{1}{2}};$$

ainsi, $\sqrt[4]{-1}$ est de la forme $a+b\sqrt{-1}$; donc $\sqrt{\sqrt[4]{-1}}$ ou $\sqrt[8]{-1}$ est aussi de la même forme; il en est pareillement de $\sqrt{\sqrt[8]{-1}}$ ou $\sqrt[16]{-1}$, etc.; donc en général, *toute racine de* -1, *dont l'indice est une puissance de* 2, *est de la forme* $a+b\sqrt{-1}$.

Actuellement, tout nombre pair, étant le produit d'un nombre impair multiplié par une certaine puissance de 2, peut être représenté par $2^n.i$, et d'ailleurs l'on a identiquement

$$\sqrt[2^n.i]{-A} = \sqrt[2^n.i]{A}\,.\sqrt[2^n.i]{-1};$$

désignant $\sqrt[2^n.i]{A}$ par $\pm R$, et remarquant que

$$\sqrt[2^n.i]{-1} = \sqrt[2^n.]{\sqrt[i]{-1}} = \sqrt[2^n]{-1} = a+b\sqrt{-1},$$

cette identité devient

$$\sqrt[2^n.i]{-A} = \pm R(a + b\sqrt{-1}) = \pm Ra \pm Rb\sqrt{-1},$$

et, en posant $\pm Ra = p$ et $Rb = q$,

$$\sqrt[2^n.i]{-A} = p \pm q\sqrt{-1},$$

ce qu'il falloit démontrer.

FIN DU SECOND LIVRE.

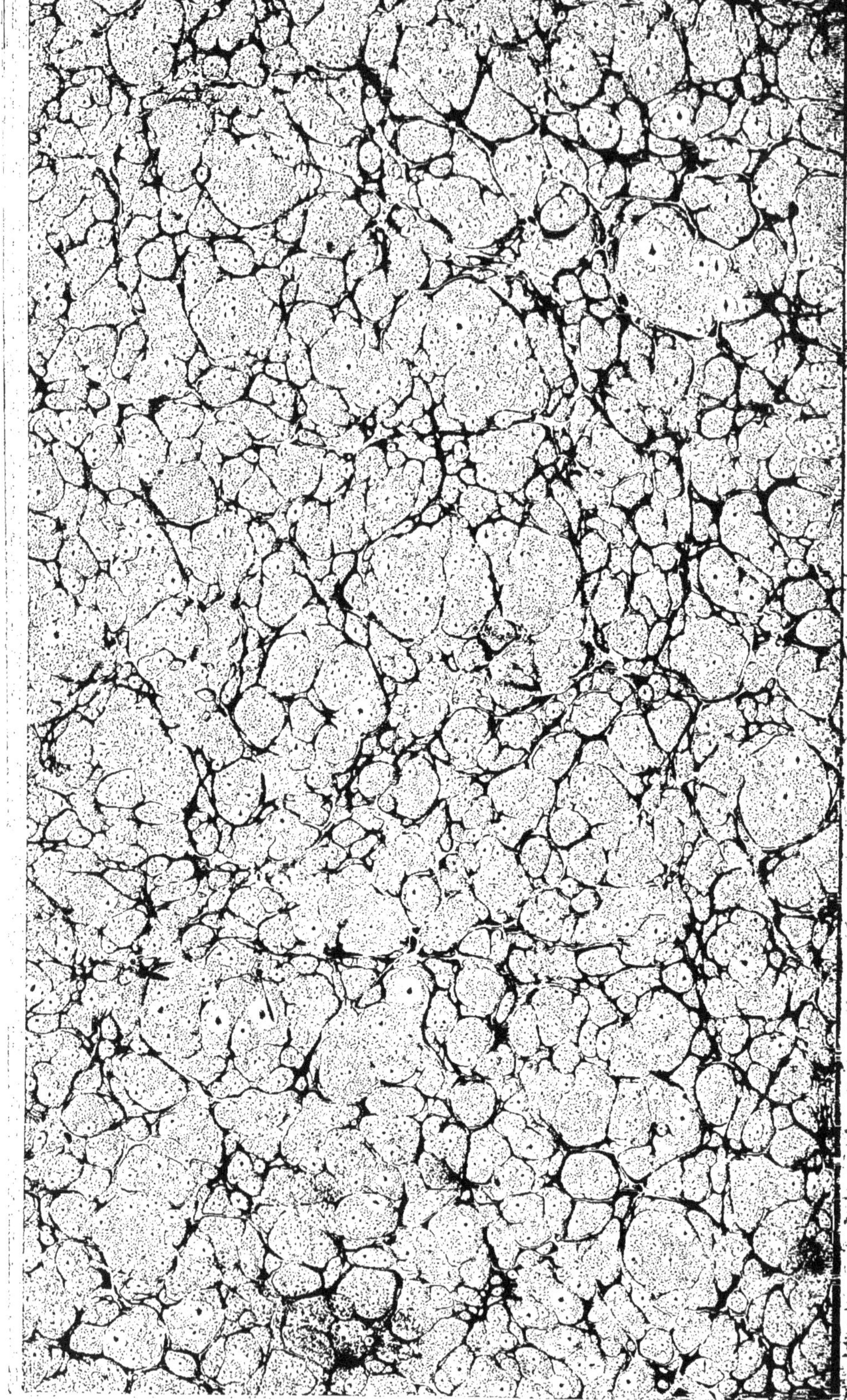

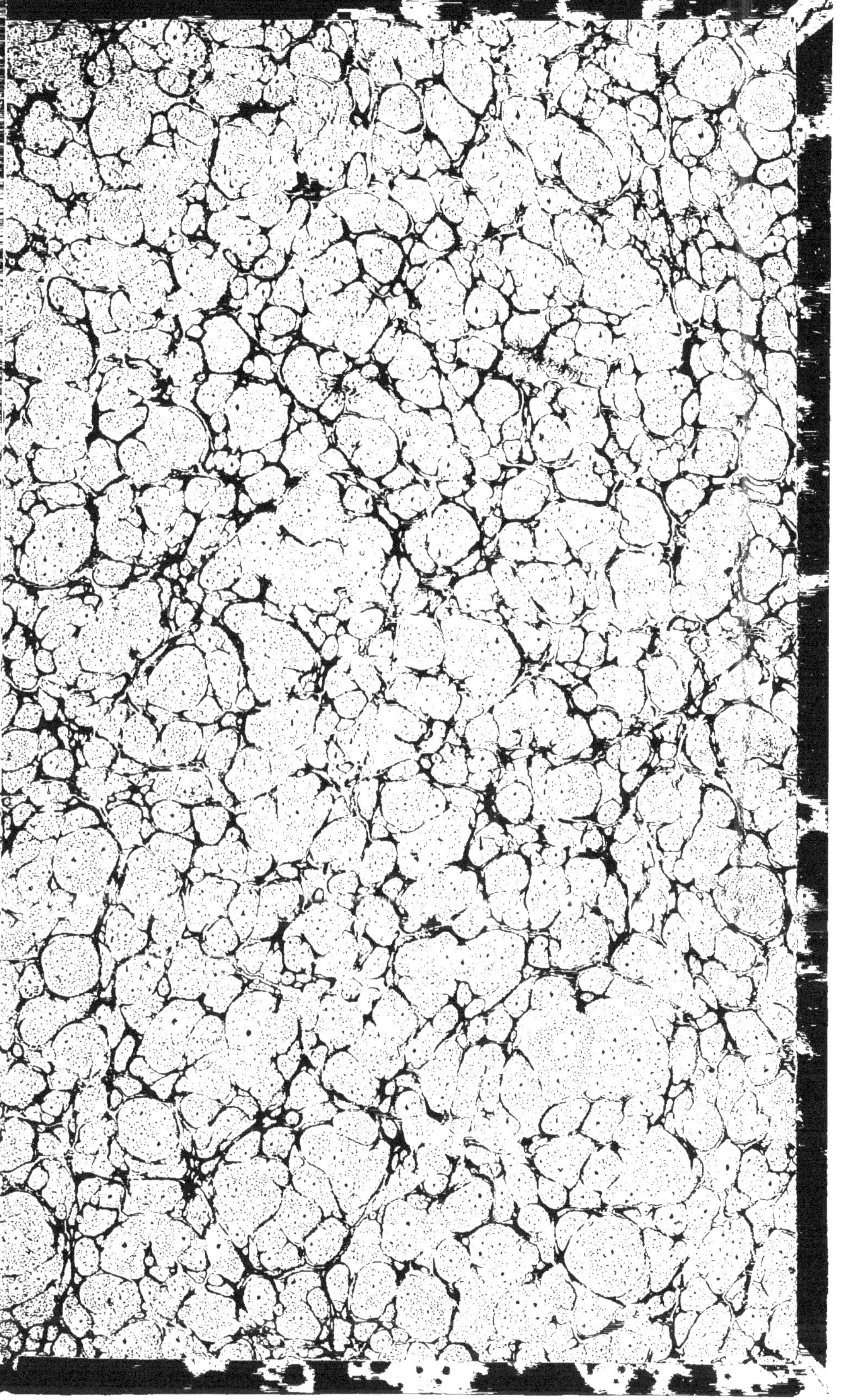

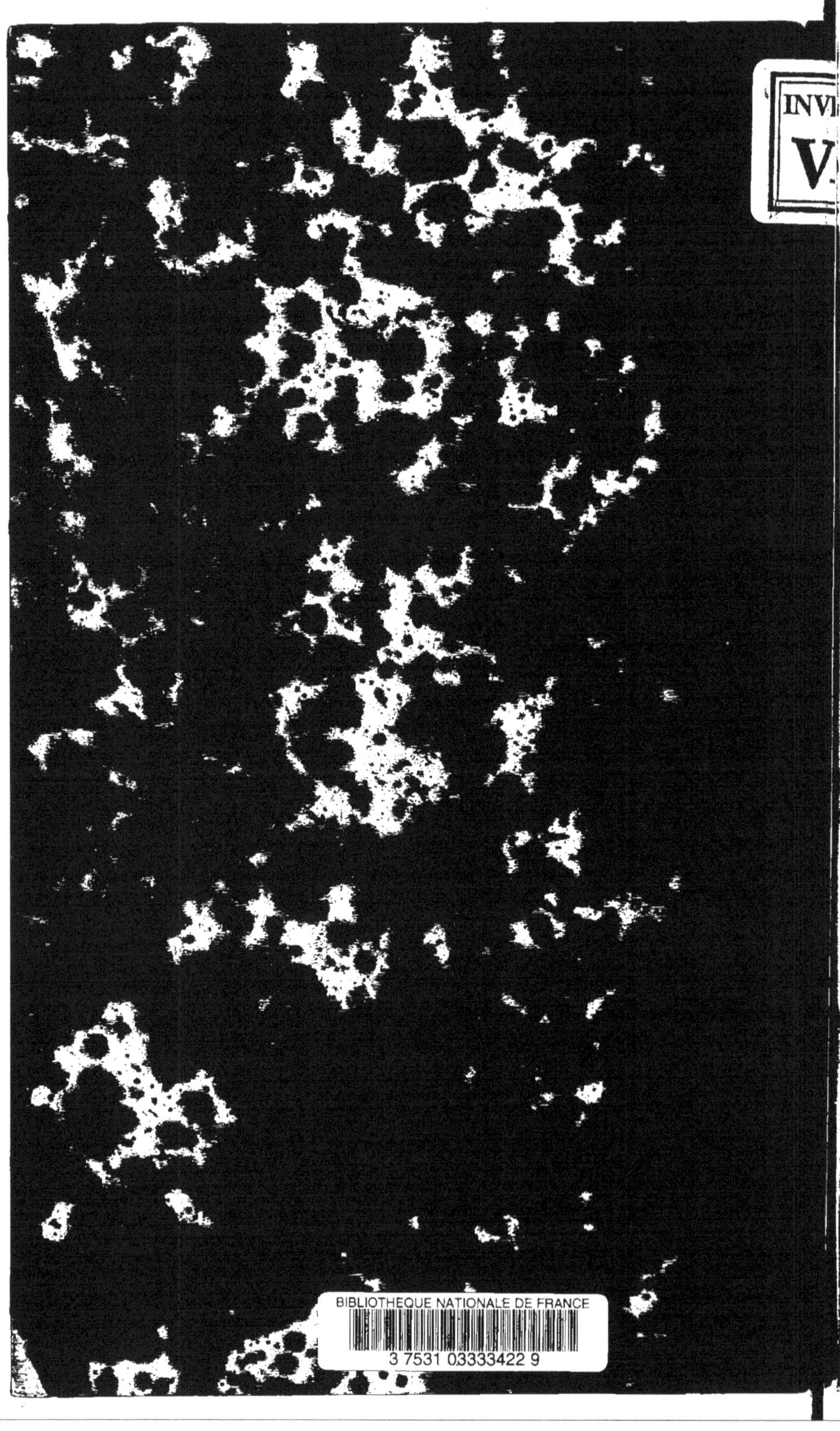
BIBLIOTHEQUE NATIONALE DE FRANCE
3 7531 03333422 9

www.ingramcontent.com/pod-product-compliance
Ingram Content Group UK Ltd.
Pitfield, Milton Keynes, MK11 3LW, UK
UKHW020339230726
13925UKWH00003B/867

9 782013 689892